Klett

AF877349

Sicher im Abi

10-Minuten-Training Oberstufe

Mathematik Gleichungen

Mit kleinen Lernportionen erfolgreich im Abi!

Heike Homrighausen, Maximilian Selinka, Jörg Stark

Klett Lerntraining

Vorwort

Liebe Schülerin, lieber Schüler,

Sie möchten sich fit machen für Klausuren und Prüfungen, doch die Stofffülle „erschlägt“ Sie?

Keine Panik! Gehen Sie einfach einen Schritt zurück und wiederholen Sie nicht gleich alles auf einmal. Teilen Sie sich stattdessen den Lernstoff in übersichtliche, kleine Portionen ein. Denn täglich in kleineren Einheiten zu lernen ist erfolgreicher und bringt mehr als stundenlanges Büffeln.

Dieses 10-Minuten-Training unterstützt Sie dabei, grundlegende Schlüsselthemen Schritt für Schritt zu trainieren. Dadurch erwerben Sie eine solide Basis für Klausuren und Prüfungen und gewinnen Sicherheit und Selbstvertrauen.

Lernen in kleinen Portionen = Schritt für Schritt zum Erfolg!

Alles Gute für die Oberstufe und das Abitur!

Ihre Redaktion Klett Lerntraining

Inhaltsverzeichnis

1 Grundtechniken zum Lösen von Gleichungen

In vielen Aufgaben müssen Sie mit unterschiedlichen Gleichungen umgehen und diese lösen können, z. B. bei der Bestimmung charakteristischer Eigenschaften von Funktionen wie Nullstellen oder Extremstellen, bei der Berechnung von Schnittpunkten oder in Anwendungsaufgaben zur Bestimmung von Funktionswerten.

Tipp

Häufig ist eine Gleichung nicht als „einfacher" Gleichungstyp geben, sondern es werden beim Lösen der Gleichung mehrere Strategien verlangt.

Folgende **Strategien** helfen in der Schule beim Lösen von Gleichungen:

- Äquivalenzumformungen
- Ausklammern und der Satz vom Nullprodukt
- p-q-Formel bzw. Mitternachtsformel
- Substitution

Oft ist auch die Kombination mehrerer Lösungsstrategien zum Lösen einer Gleichung erforderlich.

Was sind Äquivalenzumformungen?

Äquivalenzumformungen verändern die Lösungsmenge einer Gleichung nicht. Äquivalenzumformungen müssen immer auf beiden Seiten der Gleichung durchgeführt werden. Erlaubt sind die Rechenoperationen (⊕), (⊖), (⊙) und (⊘), wobei mit null nicht multipliziert bzw. nicht dividiert werden darf.
In der Regel findet man Äquivalenzumformungen durch Umkehr- bzw. Gegenrechnen, also aus einem gegebenen (⊕) wird ein (⊖), aus (⊙) wird (⊘) usw. Äquivalenzumformen können am Ende jeder Gleichung hinter einen senkrechten Strich | geschrieben werden.

Beispiele:

a) Lösen Sie die Gleichung $2x - 1 = 5$.

$2x - 1 = 5$	$\vert +1$	Aus −1 wird +1.
$2x - 1 + 1 = 5 + 1$		Diese Zeile schreibt man in der Regel nicht auf.
$2x = 6$	$\vert :2$	Aus 2 · bzw. · 2 wird : 2.
$2x : 2 = 6 : 2$		Diese Zeile schreibt man in der Regel nicht auf.
$x = 3$		
$L = \{3\}$		Die Lösungsmenge einer Gleichung wird mathematisch in geschweifte Klammern geschrieben.

b) Lösen Sie die Gleichung $(x-2)^2 = x^2 + 8$.

$(x-2)^2 = x^2 + 8$	| ausmultiplizieren
$x^2 - 4x + 4 = x^2 + 8$	$\vert -x^2$
$-4x + 4 = 8$	$\vert -4$
$-4x = 4$	$\vert :(-4)$
$x = -1$	
$L = \{-1\}$	

Tipp

Der Satz vom Nullprodukt kann also nur dann angewendet werden, wenn Terme (z. B. T_1 und T_2) mit einem Malzeichen verbunden sind.

Was ist der Satz vom Nullprodukt?

Ein Produkt ist null, wenn einer der Faktoren null ist.
kurz: $T_1 \cdot T_2 = 0$ wenn $T_1 = 0$ oder $T_2 = 0$.

Häufig führt **Ausklammern** dazu, dass man ein Produkt erhält und dann den Satz vom Nullprodukt anwenden kann.

Beispiele:

a) Lösen Sie die Gleichung $2x^2 = 4x$.

$2x^2 = 4x$ | $-4x$ alle „x" auf eine Seite bringen
$2x^2 - 4x = 0$ | x ausklammern
$x(2x-4) = 0$ | Satz vom Nullprodukt
$x = 0$ oder $2x - 4 = 0$ | $+4$
$2x = 4$ | $:2$
$x = 2$

Die Gleichung hat die Lösungen 0 und 2, kurz $L = \{0;2\}$.

Ein typischer Schülerfehler besteht darin, dass durch x geteilt wird. Das geht nicht, weil x auch null sein kann und man durch null nicht teilen darf.

b) Lösen Sie die Gleichung $(x^2-4)\cdot(\sin(x)+1) = 0$ für $0 \leqq x \leqq 2\pi$.

$(x^2-4)\cdot(\sin(x)+1) = 0$ | Satz vom Nullprodukt
$x^2 - 4 = 0$ oder $\sin(x) + 1 = 0$
$x_{1,2} = \pm 2$ $\sin(x) = -1$, also $x = \frac{3}{2}\pi$

$L = \left\{-2;2;\frac{3}{2}\pi\right\}$

c) Lösen Sie die Gleichung $2x^3 + 7x^2 = 4x$.

$2x^3 + 7x^2 = 4x$ | $-4x$ alle „x" auf eine Seite bringen
$2x^3 + 7x^2 - 4x = 0$ | x ausklammern
$x(2x^2 + 7x - 4) = 0$ | Satz vom Nullprodukt
$x_1 = 0$ oder $2x^2 + 7x - 4 = 0$ | Mitternachtsformel

$$x_{2,3} = \frac{-7 \pm \sqrt{49+32}}{4} = \frac{-7 \pm 9}{4}$$

$x_2 = \frac{1}{2};\ x_3 = -4$

Die Gleichung hat die Lösungen 0, $\frac{1}{2}$ und -4, kurz $L = \left\{-4;0;\frac{1}{2}\right\}$.

Tipp

Was sind die p-q-Formel bzw. die Mitternachtsformel?

So können Sie eine quadratische Gleichung der Form $ax^2 + bx + c = 0$ lösen:

Gleichung:	$ax^2 + bx + c = 0 \quad (a \neq 0)$	$x^2 + px + q = 0$
Lösungsformel:	$x_{1,2} = \frac{-b \pm \sqrt{b^2 - 4ac}}{2a}$ **„Mitternachtsformel"**	$x_{1,2} = -\frac{p}{2} \pm \sqrt{\left(\frac{p}{2}\right)^2 - q}$ **„p-q-Formel"**
keine Lösung:	**Der Term unter der Wurzel (Diskriminante) ist negativ.**	
	$b^2 - 4ac < 0$ $L = \{\ \}$	$\left(\frac{p}{2}\right)^2 - q < 0$ $L = \{\ \}$
eine Lösung:	**Der Term unter der Wurzel (Diskriminante) ist null.**	
	$b^2 - 4ac = 0$ $x_0 = \frac{-b}{2a}$ $L = \left\{\frac{-b}{2a}\right\}$	$\left(\frac{p}{2}\right)^2 - q = 0$ $x_0 = -\frac{p}{2}$ $L = \left\{-\frac{p}{2}\right\}$
zwei Lösungen:	**Der Term unter der Wurzel (Diskriminante) ist positiv.**	
	$b^2 - 4ac > 0$ $x_1 = \frac{-b + \sqrt{b^2 - 4ac}}{2a}$ $x_2 = \frac{-b - \sqrt{b^2 - 4ac}}{2a}$ $L = \{x_1; x_2\}$	$\left(\frac{p}{2}\right)^2 - q > 0$ $x_1 = -\frac{p}{2} + \sqrt{\left(\frac{p}{2}\right)^2 - q}$ $x_2 = -\frac{p}{2} - \sqrt{\left(\frac{p}{2}\right)^2 - q}$ $L = \{x_1; x_2\}$

Tipp

Beispiele: Lösen Sie die Gleichungen.

a) $3x^2 - 8x + 5 = 0$

1. Bestimmen Sie a, b und c.

$$\underbrace{3x^2}_{a=3}\ \underbrace{-8x}_{b=-8}\ +\ \underbrace{5}_{c=5}$$

2. Bestimmen Sie durch Einsetzen in die Mitternachtsformel

$$x_{1,2} = \frac{-b \pm \sqrt{b^2 - 4ac}}{2a}$$

die Lösung.

$$x_{1,2} = \frac{-(-8) \pm \sqrt{(-8)^2 - 4 \cdot 3 \cdot 5}}{2 \cdot 3}$$
$$= \frac{8 \pm \sqrt{64 - 60}}{6}$$
$$= \frac{8 \pm \sqrt{4}}{6}$$
$$= \frac{8 \pm 2}{6}$$

$\sqrt{4}$ =
4 > 0, also hat die Gleichung zwei Lösungen.

3. Lösungen der Gleichung

$$x_1 = \frac{8+2}{6} = \frac{10}{6} = \frac{5}{3}$$
$$x_2 = \frac{8-2}{6} = \frac{6}{6} = 1$$

$1; \frac{5}{3}$ oder $L = \left\{1; \frac{5}{3}\right\}$

b) $x^2 - 2x + 24 = 0$

1. Bestimmen Sie p und q.

$$x^2 \underbrace{-2x}_{p=-2} \underbrace{-24}_{q=-24} = 0$$

2. Bestimmen Sie durch Einsetzen in die „p-q-Formel"

$$x_{1,2} = -\frac{p}{2} \pm \sqrt{\left(\frac{p}{2}\right)^2 - q}$$

die Lösung.

$$x_{1,2} = -\frac{-2}{2} \pm \sqrt{\left(\frac{2}{2}\right)^2 - (-24)}$$
$$= 1 \pm \sqrt{1 + 24}$$
$$= 1 \pm \sqrt{25}$$
$$= 1 \pm 5$$

$\sqrt{25}$
25 > 0, also hat die Gleichung zwei Lösungen.

3. Lösungen der Gleichung

$x_1 = 1 - 5 = -4$
$x_2 = 1 + 5 = 6$
$-4; 6$ oder $L = \{-4; 6\}$

Tipp

Was bedeutet Substitution?

Substitution bedeutet in der Mathematik, dass eine Variable durch eine andere ersetzt wird. Beim Lösen von Gleichungen kommt dieses Verfahren häufig dann zum Einsatz, wenn eine nichtlösbare Gleichung dadurch auf eine lösbare Gleichung zurückgeführt werden kann. Oft werden dann x^2, e^x oder $\sin(x)$ durch u ersetzt, damit die damit vereinfachte Gleichung mit einer bekannten Technik gelöst werden kann.

Beispiel: Lösen einer biquadratischen Gleichung

Berechnen Sie die Nullstellen von f mit $f(x) = 2x^4 - 3x^2 - 2$.

1. Setzen Sie $f(x) = 0$.

   $2x^4 - 3x^2 - 2 = 0$

2. Ersetzen Sie x^2 durch u (Substitution). Schreiben Sie die Gleichung in der Form $au^2 + bu + c = 0$.

   Substitution: $x^2 = u$
   $2u^2 - 3u - 2 = 0$
   $a = 2;\ b = -3;\ c = -2$

3. Lösen Sie die Gleichung mit der Mitternachtsformel (Lösungsformel).

   $$u_{1,2} = \frac{-b \pm \sqrt{b^2 - 4ac}}{2a}$$

   $$u_{1,2} = \frac{3 \pm \sqrt{(-3)^2 - 4 \cdot 2 \cdot (-2)}}{2 \cdot 2} = \frac{3 \pm \sqrt{9 + 16}}{4} = \frac{3 \pm 5}{4}$$

   also $u_1 = -\frac{1}{2};\ u_2 = 2$

4. Machen Sie die Substitution rückgängig (Rücksubstitution) mit $u = x^2$.

   Rücksubstitution: $u = x^2$

$-\frac{1}{2} = x^2$	$2 = x^2$
$\pm\sqrt{\left(-\frac{1}{2}\right)} = x$	$\pm\sqrt{2} = x$
keine Lösung	$x_1 = \sqrt{2}$ und $x_2 = -\sqrt{2}$

5. Schreiben Sie die Nullstellen auf.

   f hat zwei Nullstellen, nämlich $x_1 = \sqrt{2}$ und $x_2 = -\sqrt{2}$.

Gleichungen mit Parametern

Wie eine Variable ist auch ein Parameter ein Platzhalter, für den man Zahlen einsetzen kann. Im Unterschied zu einer Variablen ist ein Parameter zwar beliebig, aber fest, wenn man einmal einen Wert dafür gewählt hat.
Im Zusammenhang mit Funktionen kann man dies anschaulich darstellen: In der Funktion f mit $f(x) = g(x) + c$ ist x die Variable und c der Parameter. Wählt man für c z.B. den Wert 3, lautet die zugehörige Funktionsgleichung $f(x) = g(x) + 3$. Der Parameter c sorgt also dafür, dass der Graph von g in y-Richtung verschoben wird.
Auch beim Lösen von Gleichungen mit Parametern gelten alle bekannten Regeln zum Lösen von Gleichungen.

2 Gleichungen

Lineare Gleichungen

Eine Gleichung, in der x **höchstens in der ersten Potenz** vorkommt, nennt man **lineare Gleichung**.
Eine lineare Gleichung kann mithilfe von **Äquivalenzumformungen** auf die Form **$ax + b = 0$** umgeformt werden.
Eine lineare Gleichung kann keine, genau eine oder unendlich viele Lösungen haben.
Geometrisch entspricht das Lösen einer linearen Gleichung der Bestimmung des Schnittpunktes von zwei Geraden. Dabei entspricht jede Seite der Gleichung einer Geraden.

$2x - 1 = 5$

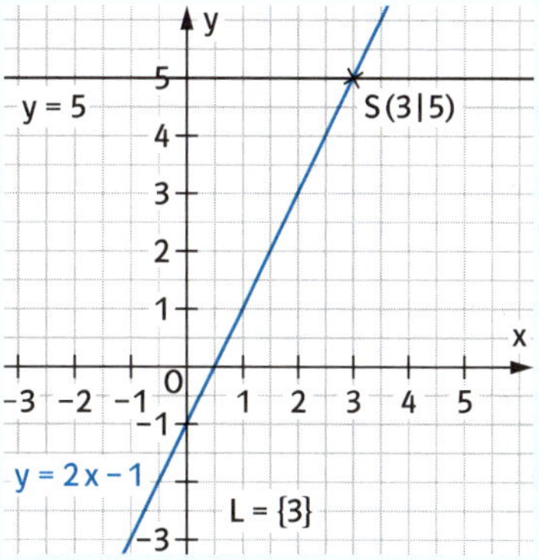

Tipp

Äquivalenzumformungen verändern die Lösungsmenge einer Gleichung nicht. Erlaubte Äquivalenzumformungen sind
- Addieren und Subtrahieren der gleichen Zahl bzw. des gleichen Terms auf beiden Seiten
- Multiplizieren oder Dividieren mit der gleichen Zahl bzw. dem gleichen Term ungleich null auf beiden Seiten

Hinweise:
- Oft muss man die Terme bzw. die Gleichung erst umformen (z. B. durch Ausmultiplizieren einer Klammer), bis man eine lineare Gleichung erkennt.
- Lineare Gleichungen tauchen in der Oberstufe häufig in linearen Gleichungssystemen (LGS) auf.
- Manchmal muss auch die Lösbarkeit von linearen Gleichungen mit Parametern untersucht werden.

Kurz: Zum Lösen einer linearen Gleichung braucht man nur die Rechenoperationen $\oplus$, $\ominus$, $\odot$, ⨸.

1 **Gegeben sind die Funktionen f und g mit $f(x) = x^2 - 3$ und $g(x) = x^2 + 2x + 1$.
Zeigen Sie, dass sich die beiden Graphen schneiden und bestimmen Sie den Schnittpunkt.**

2 **Lösen Sie die Gleichung $2x + 3a = 3x - 6a$ in Abhängigkeit von a.**

3 **Gegeben ist die Gleichung $kx = x + 2$, $k \neq 1$.
Bestimmen Sie die Anzahl der Lösungen in Abhängigkeit von k.**

Quadratische Gleichungen

Eine Gleichung, in der **x höchstens in der zweiten Potenz**, also als x^2 vorkommt, nennt man **quadratische Gleichung**. Eine quadratische Gleichung kann mithilfe von Äquivalenzumformungen auf die Form

$\mathbf{ax^2 + bx + c = 0}$ $(a \neq 0)$ bzw. $\mathbf{x^2 + px + q = 0}$

umgeformt werden.

Die Lösungen einer allgemeinen quadratischen Gleichung kann man mit der sogenannten **„Mitternachtsformel"** oder der **„p-q-Formel"** bestimmen.

Die Lösungen der Gleichung $ax + bx + c = 0$ sind:

$x_{1,2} = \frac{-b \pm \sqrt{b^2 - 4ac}}{2a}$ (Mitternachtsformel).

Die Lösungen der Gleichung $x + px + q = 0$ sind:

$x_{1,2} = -\frac{p}{2} \pm \sqrt{\left(\frac{p}{2}\right) - q}$ (p-q-Formel)

Tipp

$2x^2 - 3x - 2 = 0$

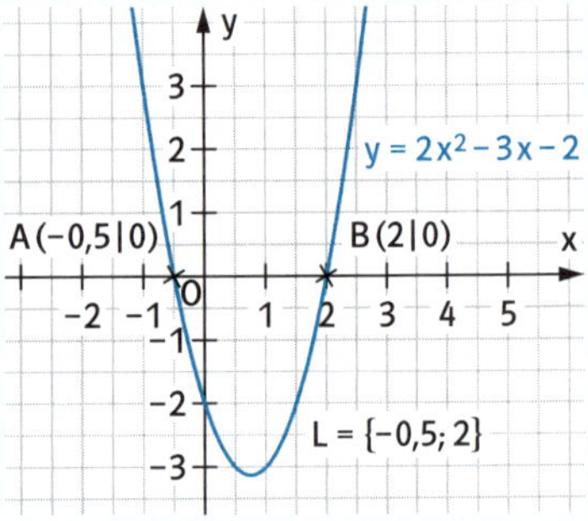

$2x^2 - 3x - 2 = 0$

$x_{1,2} = \frac{3 \pm \sqrt{9+16}}{4} = \frac{3 \pm 5}{4}$

$x_1 = 2;\ x_2 = -\frac{1}{2};\ L = \left\{-\frac{1}{2}; 2\right\}$

Eine quadratische Gleichung kann keine, eine oder zwei Lösungen haben. Geometrisch entspricht das Lösen einer quadratischen Gleichung der Bestimmung des Schnittpunktes von einer Parabel und einer Geraden. Dabei entspricht eine Seite der Gleichung einer Parabel, die andere einer Geraden, oft $y = 0$.

4 **Lösen Sie die Gleichungen.**

a) $-\frac{1}{2}x^2 + x + 4 = 0$

b) $2x^2 - 6x + 4 = 0$

c) $x^2 - 2x + 1 = 0$

d) $x^2 - x + 1 = 0$

e) $\frac{1}{2}x^2 + 3x - 8 = 0$

f) $2x^2 - x + 2 = 0$

g) $x^2 + 10x + 9 = 0$

h) $-3x^2 - 18x - 29 = 0$

5 **Geben Sie die Lösungsmengen der Gleichungen an.**

a) $x^2 - x - 6 = 0$ L = { __________ }

b) $x^2 + 4x - 45 = 0$ L = { __________ }

c) $3x^2 - 6x + 3 = 0$ L = { __________ }

d) $x^2 + 2x + 5 = 0$ L = { __________ }

e) $2x^2 + 8x + 8 = 0$ L = { __________ }

6 **Lösen Sie die Gleichung.**

a) $3x^2 - 4x - 4 = 0$

b) $2x^2 - 3 = 5x$

c) $x(6x^3 + 6x - 13) = 6(x^3 - 1)$

d) $x^4 + 2x + 5 = x^2(x^2 + 1)$

7 **Bestimmen Sie die Anzahl der Lösungen in Abhängigkeit von a, a ≠ 0.**

	Gleichung	keine Lösung	eine Lösung	zwei Lösungen
a)	$ax^2 + 4x + 4 = 0$			
b)	$2ax^2 - 6x + 4 = 0$			
c)	$x^2 - ax + 1 = 0$			
d)	$x^2 - x + a = 0$			
e)	$9x^2 - 3ax + 1 = 0$			

8 **Kreuzen Sie alle Zahlen an, die für k eingesetzt werden können, so dass die Bedingung erfüllt ist.**

a) Die Gleichung $x^2 - x + k = 0$ soll zwei Lösungen haben.

☐ −3 ☐ −2
☐ −1 ☐ 0
☐ 2 ☐ 3

b) Die Gleichung $2x^2 - 4x + k = 0$ soll eine Lösung haben.

☐ −3 ☐ −2
☐ −1 ☐ 0
☐ 2 ☐ 3

9 **Überprüfen Sie, ob die Aussagen wahr oder falsch sind und kreuzen Sie an.**

	wahr	falsch
a) Die quadratische Gleichung $x^2 = -3x + 4$ hat zwei Lösungen.	☐	☐
b) Ist $b > 2$, dann hat die Gleichung $x^2 - 2bx + 4 = 0$ keine Lösung.	☐	☐
c) $-x^2 + 3x - 2 = 0$ hat die Lösungen −1 und −2.	☐	☐

Tipp

Beispiel: Eine biquadratische Gleichung mithilfe der Substitution lösen

Lösen Sie die Gleichung $2x^4 - 14x^2 + 24 = 0$.

1. Ersetzen Sie das Quadrat der Variablen durch eine neue Variable, z. B. durch u (Substitution).

$2x^4 - 14x^2 + 24 = 0$
Substitution: $x^2 = u$
$2u^2 - 14u + 24 = 0$

2. Lösen Sie die entstandene quadratische Gleichung mithilfe der Lösungsformel.

$u_{1,2} = \frac{14 \pm \sqrt{196-192}}{4}$
$= \frac{14 \pm 2}{4}$
$u_1 = 4;\ u_2 = 3$

3. Ersetzen Sie die neue Variable wieder durch das Quadrat der ursprünglichen Variablen (Rücksubstitution).

Rücksubstitution:
$x^2 = u_1 = 4 \quad | \pm\sqrt{}$ $\qquad x^2 = u_2 = 3 \quad | \pm\sqrt{}$
$x_1 = -2;\ x_2 = 2$ $\qquad x_3 = -\sqrt{3};\ x_4 = \sqrt{3}$

4. Notieren Sie die Lösungsmenge.

$L = \{-2; -\sqrt{3}; \sqrt{3}; 2\}$

10 **Lösen Sie die Gleichungen durch Substitution.**

a) $2x^4 - 8x^2 - 4{,}5 = 0$
b) $-4x^4 - 6x^2 + 4 = 0$
c) $x^4 + 3x^2 - 10 = 0$
d) $x^4 + 8x^2 + 7 = 0$

11 **Bestimmen Sie die Lösungsmenge der Gleichung durch Substitution.**

a) $x^4 - 3x^2 - 4 = 0$
b) $x^4 + 14 = 9x^2$
c) $9x^5 + 11x^3 = 48x$
d) $x^8 + x^4 = 18x^4 - 16$

12 **Bestimmen Sie die Nullstellen der Funktion f.**

a) $f(x) = 4x^4 - 8x^2 - 5$
b) $f(x) = 2x^4 + 3x^2 - 9$
c) $f(x) = x^4 - 20x^2 + 64$
d) $f(x) = -x^4 - 5x^2 + 3$
e) $f(x) = x^4 - 13x^2 + 36$
f) $f(x) = 2x^4 + 3x^2 - 20$

Tipp

Ist der höchste Exponent von x in der Gleichung größer als 2, kann man in der Schule eine solche Gleichung nur in **Sonderfällen** exakt lösen.

Beispiel:
Lösen Sie die Gleichung $x^3 - 3x^2 = 0$.
Bei der Gleichung fehlt das Absolutglied und man kann **ausklammern**:
$x^2(x-3) = 0$.
Nach dem **Satz vom Nullprodukt** ist dann $x^2 = 0$ oder $x - 3 = 0$.
Damit hat die gegebene Gleichung die Lösungen 0 und 3.

13 **Lösen Sie die Gleichungen durch Ausklammern.**

a) $x^3 - 8x^2 = 0$
b) $2x^3 + 7x^2 + 3x = 0$
c) $4x^4 - 21x^3 - 18x^2 = 0$
d) $2x^3(x^2+5) = 5x^3(x+7)$

14 **Bestimmen Sie die Nullstellen der Funktion f.**

a) $f(x) = x(x-4)(x+9)$
b) $f(x) = 2x^2 - 3x - 9$
c) $f(x) = x^4 - 13x^2 - 48$
d) $f(x) = 4x^4 - 29x^3 + 7x^2$

15 **Lösen Sie die Gleichung $x^5 - 3x^3 = 4x$.**

16 **Es ist eine Funktion f gegeben mit $f_a(x) = -ax^4 + 4ax^2$, $a > 0$.
Zeigen Sie, dass die Nullstellen der Funktion f_a unabhängig von a sind.**

17 **Für jede reelle Zahl a ist eine Funktion f mit $f_a(x) = ax - 2x^2$ gegeben.
Bestimmen Sie die Nullstellen von f.**

18 **Bestimmen Sie die Lösungen der Gleichungen für $a \in \mathbb{R}$ in Abhängigkeit von a.**

a) $-2x^2 + 8x = a$
b) $x^2 - \frac{3}{2}ax - a^2 = 0$

19 **Bestimmen Sie die Anzahl der Lösungen der Gleichungen für $a \in \mathbb{R}$ in Abhängigkeit von a.**

a) $9x^2 + 3ax = -1$
b) $ax^2 - a^2x + 2a^2 = 0$

Bruchgleichungen

Tipp

Eine Gleichung, in der die **Variable im Nenner eines Bruchs** steht, nennt man **Bruchgleichung**.
Einfache Bruchgleichungen haben die Form $\frac{1}{x} = a$ oder $\frac{1}{\text{Term}} = a$, wobei a eine reelle Zahl ist.

Beispiele: Eine Bruchgleichung lösen

1. **Definitionsmenge** der Bruchgleichung bestimmen
2. Bruchgleichung mit dem **Hauptnenner** multiplizieren und die entstehende (bruchtermfreie) Gleichung lösen
3. **Überprüfen**, ob die Lösungen der bruchtermfreien Gleichung zur Definitionsmenge der Bruchgleichung gehören

a) Lösen Sie die Gleichung $\frac{7}{x-5} = \frac{2}{x}$.

1. Setzt man die Nenner null, also $x - 5 = 0$ und $x = 0$, erhält man die Definitionsmenge $D = \mathbb{R} \setminus \{0;5\}$.
2. Multipliziert man die Bruchgleichung mit dem **Hauptnenner** $x(x-5)$ durch, ergibt sich die bruchtermfreie Gleichung $7x = 2(x-5)$ mit der Lösung $x = -2$.
3. Da diese Lösung zur Definitionsmenge der Bruchgleichung gehört, hat die gegebene Bruchgleichung die Lösung $x = -2$.

b) Lösen Sie die Gleichung $\frac{6}{x(x-3)} = \frac{2}{x-3}$.

1. Setzt man die Nenner null, also $x(x-3) = 0$, erhält man die Definitionsmenge $D = \mathbb{R} \setminus \{0;3\}$.
2. Multipliziert man die Gleichung mit dem Hauptnenner $x(x-3)$ durch, erhält man die bruchfreie Gleichung $6 = 2x$ mit der Lösung $x = 3$.
3. Da aber 3 nicht zur Definitionsmenge gehört, hat die gegebene Bruchgleichung keine Lösung und es gilt: $L = \{\ \}$.

20 **Lösen Sie die Gleichungen.**

a) $\frac{4}{x} = 8$

b) $\frac{1}{x+1} = \frac{3}{8}$

c) $\frac{2}{2x+1} = 1$

d) $\frac{1}{6x-2} = 1$

21 **Geben Sie die Definitionsmenge an und bestimmen Sie dann die Lösungen.**

a) $\frac{3}{x} + \frac{4x+1}{x} = 5$ b) $\frac{3+x}{x^2} + \frac{2x+3}{x^2} = 3$ c) $\frac{x^2-x}{x} = 2$

d) $\frac{2}{x+1} - \frac{x}{x+1} = 3$ e) $\frac{x^2+3}{x^2-4} + \frac{2x+3}{x-2} = 3$ f) $\frac{2x^2-7x+6}{2x-3} = 0$

22 **Bestimmen Sie die Lösungsmenge.**

a) $\frac{x^2+3x+2}{x(x-1)} = \frac{2}{x} + \frac{4}{x(x-1)}$ b) $\frac{2}{x+1} - \frac{x}{x+1} = 2x$ c) $\frac{3x-1}{x^2-4x+3} = \frac{2x-2}{x-3}$

23 **Bestimmen Sie die Lösungsmenge.**

a) $\frac{2}{x-1} = \frac{3x-1}{x-1}$ b) $\frac{1}{x+2} + \frac{1}{x-2} = \frac{4}{x^2-4}$

c) $\frac{1}{(x+1)(x+2)} = \frac{1}{x(x+2)} - \frac{1}{x(x+1)}$

24 **In der Physik bezeichnet man bei einer Linse die Gegenstandsweite mit g, die Bildweite mit b und die Brennweite mit f. Man erhält ein scharfes Bild, wenn die sogenannte „Linsengleichung" erfüllt ist:** $\mathbf{\frac{1}{g} + \frac{1}{b} = \frac{1}{f}}$.

Lösen Sie die Linsengleichung nach g, nach b und nach f auf.

25 **Für einen geraden Kreiskegel mit dem Grundkreisradius r, der Höhe h und der Mantellinie s gilt für das Volumen V und den Oberflächeninhalt O:**

$\mathbf{V = \frac{1}{3}\pi r^2 \cdot h;\; O = \pi r^2 + \pi r \cdot s}$.

a) Lösen Sie die Gleichung für das Volumen nach h und nach r auf.

b) Lösen Sie die Gleichung für den Oberflächeninhalt nach s und nach r auf.

26 **Lösen Sie die Gleichung** $\mathbf{\frac{6}{x^4} + \frac{1}{x^2} = 1,\; x \neq 0}$.

27 **Bestimmen Sie die Lösungen der Gleichung** $\mathbf{\frac{36}{x^4} + 1 = \frac{13}{x^2}}$.

28 **Bestimmen Sie die Lösungen der Gleichungen in Abhängigkeit von a.**

a) $\frac{1}{ax} = x - 1;\; a \neq 0$ b) $\frac{2-a}{x^2} - 1 = 0$

Potenzgleichungen

Tipp

Eine Gleichung der Form $\mathbf{x^n = a}$ $(n \in \mathbb{N} \setminus \{0\})$ heißt **Potenzgleichung**.
Lösungen einer Potenzgleichung sind abhängig von dem Koeffizienten und dem Exponenten.

Potenzgleichungen mit negativen Exponenten sind Bruchgleichungen, da gilt: $x^{-n} = \frac{1}{x^n}$

Potenzgleichungen kommen häufig auch in der Wahrscheinlichkeitsrechnung vor.

Hier ist die Funktion f mit $f(x) = x^n$ eine Potenzfunktion.

a > 0

n gerade
2 Lösungen
$x_{1,2} = \pm \sqrt[n]{a}$

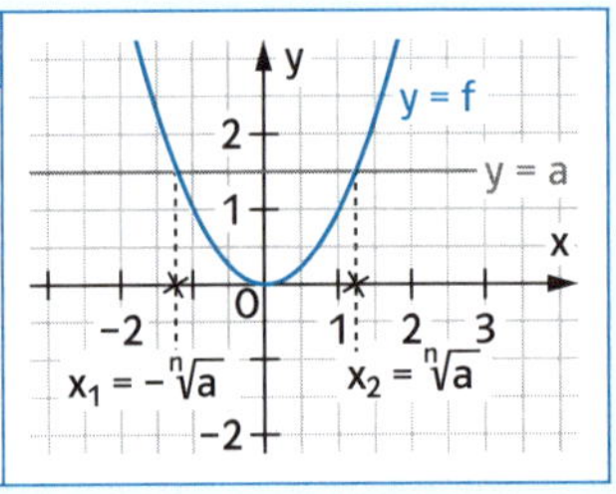

a > 0

n ungerade
1 Lösung
$x_1 = \sqrt[n]{a}$

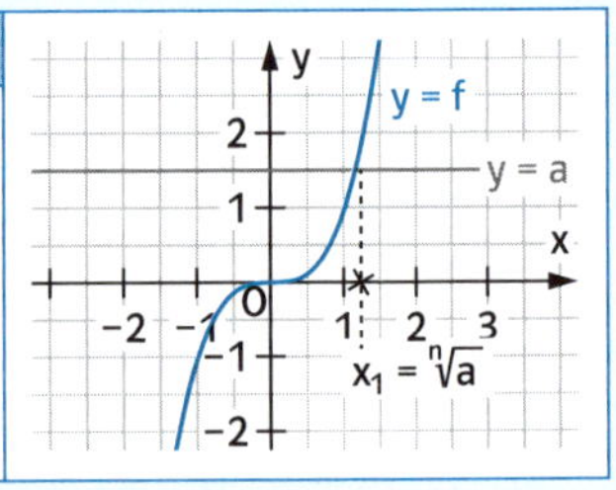

a = 0

n gerade
1 Lösung
$x_1 = 0$

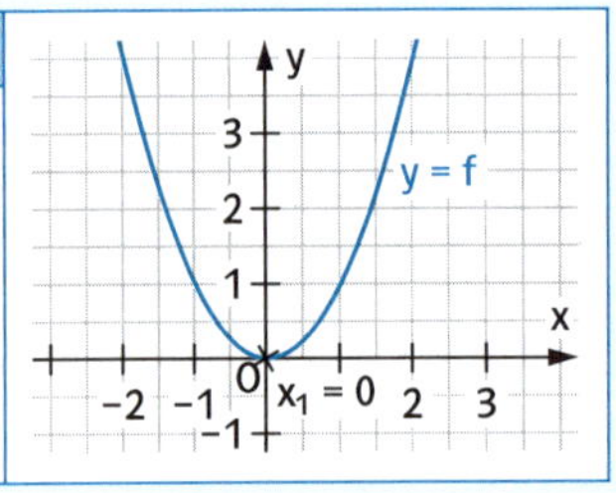

a = 0

n ungerade
1 Lösung
$x_1 = 0$

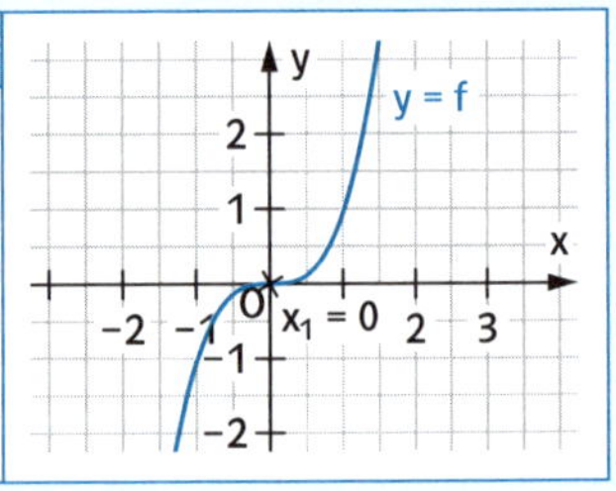

a < 0

n gerade
keine Lösung

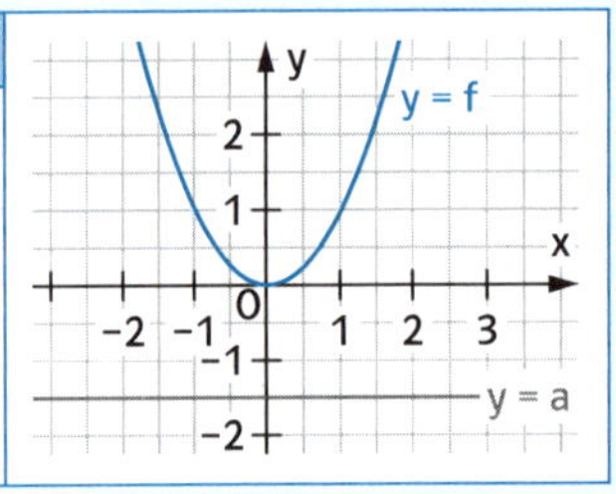

a < 0

n ungerade
1 Lösung
$x_1 = -\sqrt[n]{a}$

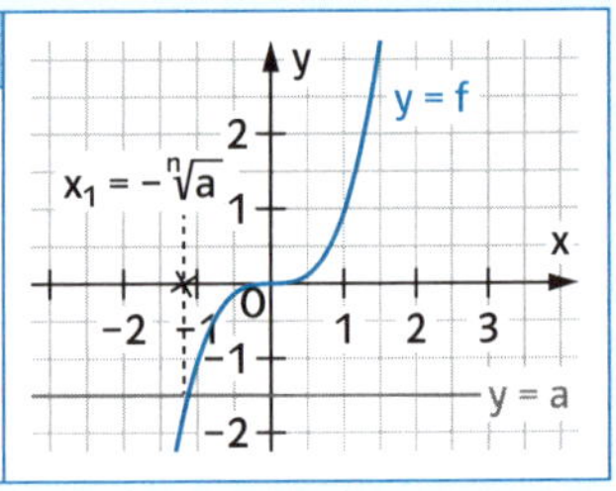

29 **Bestimmen Sie die Lösungen der Gleichungen.**

a) $2x^4 - 32 = 0$

b) $4x^4 = 324$

c) $2x^4 + 162 = 0$

d) $x^3 = 125$

e) $2x^3 = -16$

f) $x^{-4} = \frac{1}{81}$

g) $\frac{1}{2}x^{-6} = \frac{1}{128}$

h) $x^{-3} + \frac{1}{27} = 0$

30 **Bestimmen Sie die Lösungen der Gleichungen.**

a) $(1 - 2x)^3 = 125$

b) $(x^2 - 6)^3 = -8$

c) $2(x - 1)^4 = 162$

31 **Bestimmen Sie die Lösungen der Gleichung $(x - 1)^n = -8$.**

32 **Bei einem Glücksrad ist die Wahrscheinlichkeit, bei zehnmaligem Drehen keinen Gewinn zu erhalten, etwa 5 %.**
Berechnen Sie, mit welcher Wahrscheinlichkeit beim 11. Drehen ein Gewinnfeld gedreht wird.

Wurzelgleichungen

Tipp

Eine Gleichung, in der die **Variable unter der Wurzel** steht, nennt man **Wurzelgleichung**. Einfache Wurzelgleichungen haben die Form $\sqrt{\text{Term}} = a$.
Ist $a < 0$, dann hat die Wurzelgleichung keine Lösung.
Ist $a \geqq 0$, dann können beide Seiten quadriert werden; die Gleichung $\text{Term} = a^2$ kann mithilfe eines bekannten Verfahrens gelöst werden.

Wurzelgleichungen kommen häufig – auch in der analytischen Geometrie – bei Abstandsberechnungen vor.
Zur Erinnerung: Ein Punkt $P(x\,|\,y)$ auf dem Graphen einer Funktion f hat vom Ursprung den Abstand $d = \sqrt{x^2 + f(x)^2}$.

Beispiel 1: Abstand berechnen

Berechnen Sie, welche Punkte der Funktion f mit $f(x) = x^2$ vom Ursprung den Abstand $\sqrt{2}$ haben.

1. Schreiben Sie die allgemeine Abstandsformel $d = \sqrt{(x_2 - x_1)^2 + (y_2 - y_1)^2}$ auf und setzen Sie die gegebenen Werte ein.

Gegeben ist ein allgemeiner Punkt P mit $P(x\,|\,x^2)$.

$\sqrt{x^2 + x^4} = \sqrt{2}$ | quadrieren
$x^2 + x^4 = 2$ | −2
$x^4 + x^2 - 2 = 0$ | Substitution: $x^2 = u$
$u^2 + u - 2 = 0$ | Mitternachtsformel oder p-q-Formel

2. Lösen Sie die Gleichung nach der Variablen auf und bestimmen Sie die Lösung.

$$u_{1,2} = \frac{-1 \pm \sqrt{1+8}}{2} = \frac{-1 \pm \sqrt{9}}{2} = \frac{-1 \pm 3}{2}$$, also $u_1 = -2$ und $u_2 = 1$

Rücksubstitution: $x^2 = u$
Keine Lösung für $u_1 = -2$;
für u_2 sind die Lösungen $x_{1,2} = \pm 1$
Die Punkte $P(1\,|\,1)$ und $Q(-1\,|\,1)$ haben vom Ursprung den Abstand $\sqrt{2}$.

Die y-Werte der Punkte erhalten Sie, indem Sie die x-Werte in f(x) einsetzen.

33 **Berechnen Sie, welche Punkte des Graphen der Funktion f mit $f(x) = x^2 - 2$ vom Ursprung den Abstand $\sqrt{8}$ haben.**

34 **Lösen Sie die Gleichungen.**

a) $\sqrt{2x} = 3$

b) $\sqrt{1-2x} = 1$

c) $2\sqrt{5-4x} + 4 = 0$

d) $\sqrt{3x+10} = x+2$

35 **Lösen Sie die Gleichungen.**

a) $3\sqrt{5-4x} = -9x$

b) $\sqrt{(2x-2)^2} = 6$

c) $x+3 = \sqrt{x+5}$

d) $\frac{3}{\sqrt{12-3x}} = 1$

Tipp

Beispiel 2: **Abstand berechnen mit der Methode des laufenden Punktes**

Gegeben sind die Gerade $g\colon \vec{x} = \begin{pmatrix} 4 \\ 2 \\ 3 \end{pmatrix} + t \cdot \begin{pmatrix} 3 \\ 0 \\ 4 \end{pmatrix}$ und der Punkt $P(1\,|\,2\,|\,-1)$ auf g.

Gesucht sind Punkte auf g, die von P den Abstand $d = 10$ haben.

Methode eines „laufenden" Punktes:
Für Punkte Q auf g gilt: $Q(4+3t\,|\,2\,|\,3+4t)$. Damit ergibt sich der Vektor

$\overrightarrow{PQ} = \begin{pmatrix} 3+3t \\ 0 \\ 4+4t \end{pmatrix}$ mit dem Betrag $\left|\overrightarrow{PQ}\right| = \sqrt{(3+3t)^2 + (4+4t)^2} = \sqrt{25(1+t)^2} = 5 \cdot |1+t|$.

Die Bedingung $5 \cdot |1+t| = 10$ liefert $5 \cdot (1+t_1) = 10$ oder $5 \cdot (1+t_2) = -10$ und damit $t_1 = 1$; $t_2 = -3$.
Also sind $Q_1(7\,|\,2\,|\,7)$ und $Q_2(-5\,|\,2\,|\,-9)$ die gesuchten Punkte.

36 **Gegeben sind die Gerade $g\colon \vec{x} = \begin{pmatrix} 2 \\ 3 \\ -1 \end{pmatrix} + t \cdot \begin{pmatrix} 6 \\ 2 \\ 3 \end{pmatrix}$ und der Punkt $P(14\,|\,7\,|\,5)$ auf g.**
Gesucht sind Punkte Q_1 und Q_2 auf g, die von P den Abstand $d = 14$ haben.

37 **Gegeben sind die Gerade $g\colon \vec{x} = \begin{pmatrix} 7 \\ 6 \\ 5 \end{pmatrix} + t \cdot \begin{pmatrix} -1 \\ 1 \\ 0 \end{pmatrix}$ und der Punkt $P(3\,|\,2\,|\,2)$, der nicht auf g liegt. Gesucht sind Punkte Q_1 und Q_2 auf g, die von P den Abstand $d = 7$ haben.**

Tipp

Abstand eines Punktes von einer Ebene bestimmen

Von der Ebene E aus kann man einen Einheitsnormalenvektor so oft vervielfachen, bis er im Punkt P endet. Der Betrag dieses Vektors entspricht dann dem Abstand von P zu E.
Der Abstand des Punktes $P(p_1 | p_2 | p_3)$ von einer Ebene E mit
$E\colon\ n_1 \cdot x_1 + n_2 \cdot x_2 + n_3 \cdot x_3 = b$
kann also mithilfe der **Hesse-Normalenform (HNF)** von E bestimmt werden. Dann gilt:

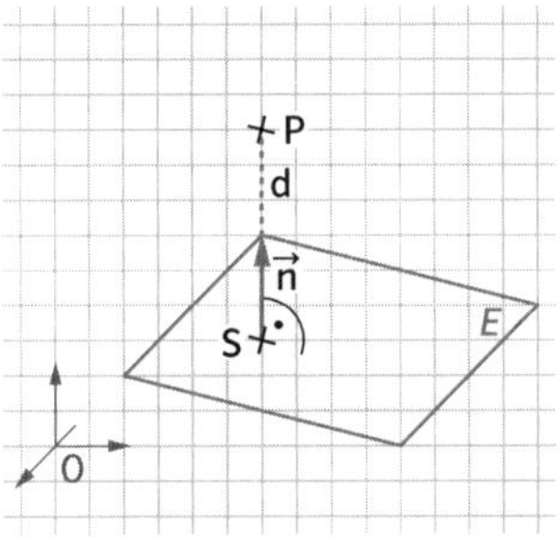

$$d(P;E) = \frac{|n_1 \cdot p_1 + n_2 \cdot p_2 + n_3 \cdot p_3 - b|}{|\vec{n}|}$$

Da ein Abstand immer positiv ist, darf man den Betrag nicht vergessen. Steht zwischen den Betragszeichen eine negative Zahl, dann zeigt der Normalenvektor von der Ebene aus in die andere Richtung als der Punkt liegt.

Mit der Berechnung des Abstands von einem Punkt zu einer Ebene können Sie auch die folgenden Abstandsprobleme bearbeiten:

- den **Abstand einer Geraden zu einer Ebene**, wenn $g \parallel E$ ist. Dann nimmt man als Punkt den Stützpunkt der Geraden g.

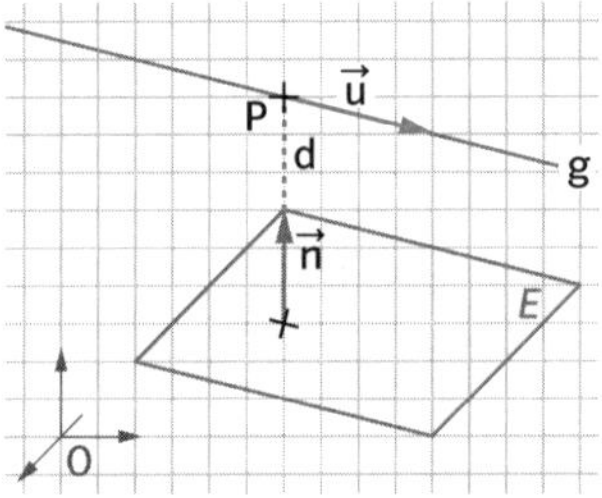

- den **Abstand von zwei parallelen Ebenen**. Dann nimmt man als Punkt einen Punkt auf einer Ebene und bestimmt damit den Abstand zur anderen Ebene.

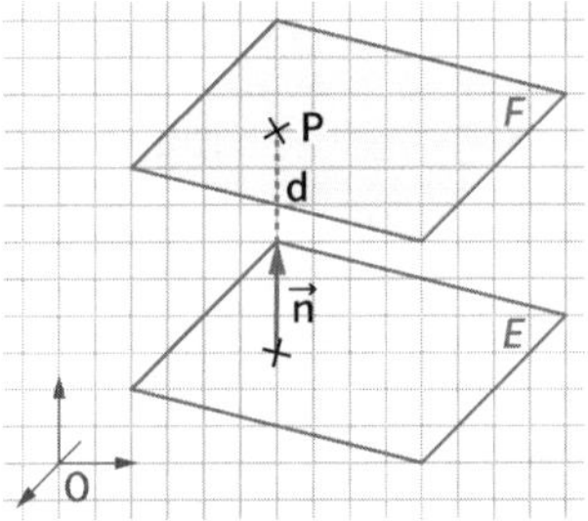

Der Abstand wird meist mit d (von *engl. distance* = Abstand) bezeichnet.
In Klammern dahinter schreibt man die Namen der geometrischen Objekte, deren Abstand bestimmt wird.

Tipp

Beispiel: Abstand eines Punktes mit der HNF bestimmen

Gegeben ist die Ebene E mit $E: -2x_1 + 2x_2 - x_3 = -1$. Bestimmen Sie den Abstand des Punktes $P(1|5|3)$ von der Ebene E.

1. Schreiben Sie den Normalenvektor auf und bestimmen Sie dessen Länge $|\vec{n}|$.

$$\vec{n} = \begin{pmatrix} -2 \\ 2 \\ -1 \end{pmatrix}$$

$$|\vec{n}| = \sqrt{(-2)^2 + 2^2 + (-1)^2} = \sqrt{9} = 3$$

2. Bestimmen Sie den Abstand mithilfe der HNF:

$$d(P;E) = \frac{|n_1 \cdot p_1 + n_2 \cdot p_2 + n_3 \cdot p_3 - b|}{|\vec{n}|}$$

Abstandsbestimmung mit der HNF:

$$d = \frac{|-2 \cdot 1 + 2 \cdot 5 - 3 + 1|}{3} = \frac{|-2 + 10 - 3 + 1|}{3} = \frac{6}{3} = 2$$

Der Punkt P hat also einen Abstand von 2 LE von der Ebene E.

38 **Im Punkt $F(2|3|2)$ der Ebene $E: 2x_1 - x_2 + 3x_3 = 7$ ist eine Senkrechte errichtet. Gesucht sind Punkte Q_1 und Q_2 auf der Senkrechten, die von E den Abstand $d = 7$ haben.**

39 **Gegeben sind die Gerade**

$$g: \vec{x} = \begin{pmatrix} 3 \\ 1 \\ -4 \end{pmatrix} + t \cdot \begin{pmatrix} 2 \\ 1 \\ 1 \end{pmatrix}$$ **und die Ebene**

Ebene $E: 2x_1 + x_2 + 2x_3 = 4$. Gesucht sind Punkte Q_1 und Q_2 auf g, die von der Ebene E den Abstand $d = 4$ haben.

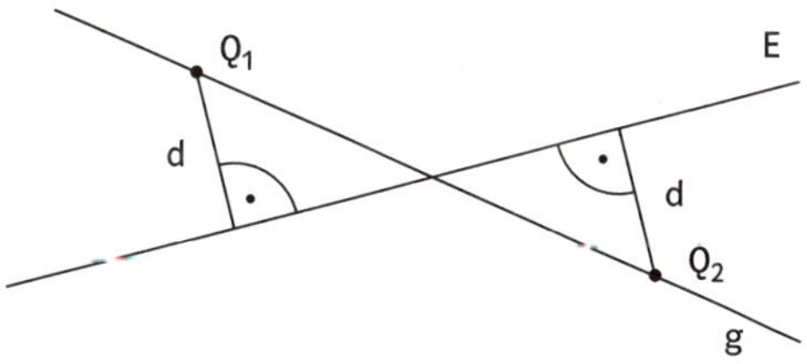

Exponentialgleichungen

Tipp

Eine Gleichung der Form $a^x = b$, in der die **Variable im Exponenten** steht, nennt man **Exponentialgleichung**.
Die Lösungen dieser Gleichung können durch **Logarithmieren** bestimmt werden.

Beispiele: Eine Exponentialgleichung lösen

1. Exponentialgleichungen wie $1{,}05^x = 6$ oder auch $e^{2x+1} = 10$ löst man durch **Logarithmieren** beider Seiten und **Anwendung** von $\log(a^b) = b \cdot \log(a)$ bzw. $\ln(e^b) = b \cdot \ln(e) = b$ auf der linken Seite.

Beachten Sie: Es ist $\ln(e) = 1$ und $\ln(1) = 0$.

2. Bei komplizierteren Exponentialgleichungen helfen die gleichen Techniken wie bei ganzrationalen Gleichungen, um einfachere Gleichungen zu erhalten:

- **Vereinfachen**
  Aus $5 \cdot e^{x-2} = 10$ folgt $e^{x-2} = 2$ und somit $x - 2 = \ln(2)$ bzw. $x = 2 + \ln(2)$.
- **Ausklammern und Satz vom Nullprodukt**
  Aus $3e^{2x} = 4e^x$ folgt $3e^{2x} - 4e^x = 0$ und hieraus $e^x(3e^x - 4) = 0$.
  Da $e^x > 0$ ist für alle $x \in \mathbb{R}$, ergibt sich $3e^x - 4 = 0$ und somit $x = \ln\left(\frac{4}{3}\right)$.
- **Substitution**
  Aus $e^{2x} + e^x - 6 = 0$ erhält man mit der Substitution $e^x = u$ die quadratische Gleichung $u^2 + u - 6 = 0$ mit den Lösungen 2 und -3.
  Aus $e^x = 2$ folgt $x = \ln(2)$, während die Gleichung $e^x = -3$ unlösbar ist.

a) Lösen Sie die Gleichung $2{,}05^x = 6$.

$2{,}05^x = 6$

$\log(2{,}05^x) = \log(6)$ Beide Seiten der Gleichung wurden logarithmiert.

$x \cdot \log(2{,}05) = \log(6)$ Das Logarithmengesetz wurde angewandt.

$x = \frac{\log(6)}{\log(2{,}05)} \approx 2{,}5$

b) Lösen Sie die Gleichung $e^{2x+3} = 5$.

$e^{2x+3} = 5$

$\ln(e^{2x+3}) = \ln(5)$

$(2x+3) \cdot \ln(e) = \ln(5)$

Da $\mathbf{\ln(e) = 1}$ ist, ergibt sich $2x + 3 = \ln(5)$; daraus folgt $x = \frac{1}{2} \cdot [\ln(5) - 3] \approx -0{,}695$.

c) Lösen Sie die Gleichung $e^{2x} - 3e^x = 0$.

$e^{2x} - 3e^x = 0$ | ausklammern

$e^x(e^x - 3) = 0$

$e^x = 0$ keine Lösung, da $e^x > 0$ und $e^x - 3 = 0$ für $x = \ln(3)$.

d) Lösen Sie die Gleichung $e^{2x} - e^x - 4 = 0$.

$e^{2x} - e^x - 4 = 0$ | Substitution: $e^x = u$

$u^2 + u - 4 = 0$, also $u_1 = e^x = \frac{-1 + \sqrt{17}}{2}$, also $x_1 \approx 0{,}45$; $u_2 = e^x = \frac{1 - \sqrt{17}}{2}$ hat keine Lösung.

40 **Lösen Sie die Gleichung durch Logarithmieren.**

a) $5^x = 14$ b) $100 \cdot 1{,}08^x = 500$ c) $20 \cdot 1{,}07^{2x-1} = 80$

41 **Bestimmen Sie die Lösung der Gleichung durch Logarithmieren.**

a) $e^{3x} = 7{,}5$ b) $4e^{3x-2} = 7{,}5$ c) $3e^{5x-1} = 2e^{3x}$

42 **Bestimmen Sie die Lösung der Gleichung durch Ausklammern.**

a) $\frac{2}{7}e^{2x} - 3e^x = 0$ b) $4e^{3x} = 3e^x$ c) $6e^{3x} = 3xe^{3x}$

43 **Bestimmen Sie die Lösung der Gleichung durch Substitution.**

a) $e^{2x} - 12e^x + 27 = 0$ b) $8e^{2x} = 3 - 2e^x$ c) $e^{2x} = 3e^{x+1} - 2e^2$

44 **Lösen Sie die Gleichung $(4x^2 - 16) \cdot (e^{2x} - 1) = 0$.**

45 **Lösen Sie die Gleichung $(e^{2x} - 4)(x^3 - 2x) = 0$.**

46 **Bestimmen Sie die Schnittpunkte der Graphen der Funktionen f und g.**

a) $f(x) = e^x$ und $g(x) = e^{x+1} - 1$ b) $f(x) = e^{2x+4}$ und $g(x) = 5e^x$

47 **Bestimmen Sie die Nullstellen der Funktionen.**

a) $f(x) = x \cdot e^{3-x}$ b) $f(x) = (x^2 - 4) \cdot e^{-x^2}$

c) $f(x) = 1 - \frac{2e^x}{e^x + 1}$ d) $f(x) = e^{2x} - 2e^x - 3$

48 **Ein Hersteller verspricht, dass in einem Viertel der Überraschungstüten eine Sammelfigur enthalten ist. Bestimmen Sie, wie viele Überraschungstüten man mindestens kaufen muss, um mit einer Wahrscheinlichkeit von mindestens 90 % mindestens eine Sammelfigur zu erhalten.**

Auch in der Wahrscheinlichkeitsrechnung können beim Modellieren Exponentialgleichungen vorkommen (z. B. mimimi-Aufgaben).

49 **Bestimmen Sie, wie oft man einen idealen Würfel mindestens werfen muss, um mit einer Wahrscheinlichkeit von mehr als 75 % mindestens einmal eine Sechs zu erhalten.**

Trigonometrische Gleichungen

Tipp

Eine Gleichung, in der **sin** oder **cos** vorkommt, nennt man **trigonometrische Gleichung**. Da trigonometrische Funktionen periodisch sind, sucht man meistens nur Lösungen in einem vorgegebenen Intervall.

Beispiel: Eine trigonometrische Gleichung lösen

1. Trigonometrische Gleichungen der Form $\sin(bx + c) = d$ bzw. $\cos(bx + c) = d$ löst man mithilfe von **Tabelle 1** bzw. **Tabelle 2**, den **Graphen der Sinus- bzw. Kosinusfunktion** oder mit dem Taschenrechner.

Für $\mathbf{\sin(bx + c) = d}$ gilt für $0 \leqq x \leqq \frac{\pi}{2}$:

d	0	$\frac{1}{2}$	$\frac{1}{2}\sqrt{2}$	$\frac{1}{2}\sqrt{3}$	1
bx + c	0	$\frac{\pi}{6}$	$\frac{\pi}{4}$	$\frac{\pi}{3}$	$\frac{\pi}{2}$

Tabelle 1

Für $\mathbf{\cos(bx + c) = d}$ gilt für $0 \leqq x \leqq \frac{\pi}{2}$:

d	1	$\frac{1}{2}\sqrt{3}$	$\frac{1}{2}\sqrt{2}$	$\frac{1}{2}$	0
bx + c	0	$\frac{\pi}{6}$	$\frac{\pi}{4}$	$\frac{\pi}{3}$	$\frac{\pi}{2}$

Tabelle 2

2. Lösungsverfahren für kompliziertere trigonometrische Gleichungen sind
   - **Substitution** $\sin(x) = z$ bzw. $\cos(x) = z$
   - Anwendung der **Formel** $\sin^2(x) + \cos^2(x) = 1$
     Diese dient dazu, in der gegebenen Gleichung entweder $\sin^2(x)$ durch $1 - \cos^2(x)$ oder $\cos^2(x)$ durch $1 - \sin^2(x)$ zu ersetzen.
   - Ausklammern und Anwendung des Satzes vom Nullprodukt

a) Lösen Sie die Gleichung $\sin\left(\frac{1}{2}x\right) = \frac{1}{2}\sqrt{2}$.

Für $0 \leqq x < 2\pi$ entnimmt man **Tabelle 1**:
$\frac{1}{2}x = \frac{\pi}{4}$, also $x_1 = \frac{\pi}{2}$.

Weitere Lösungen erkennt man am **Graphen der Sinusfunktion**:
Es ist auch $\frac{1}{2}x = \pi - \frac{\pi}{4} = \frac{3}{4}\pi$, also
$x_2 = \frac{3}{2}\pi$. Die Lösungen sind also $\frac{\pi}{2}$ und $\frac{3}{2}\pi$.

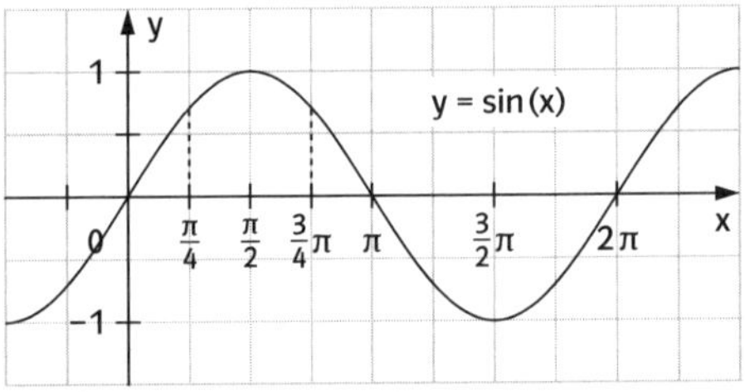

Graph der Sinusfunktion

b) Lösen Sie die Gleichung $2 \cdot \sin^2(x) - \sin(x) = 1$.
Mit $\sin(x) = u$ erhält man die quadratische Gleichung $2u^2 - u = 1$ mit den Lösungen $u_1 = 1$; $u_2 = -0{,}5$.
Rücksubstitution: $\sin(x) = 1$ liefert $x_1 = \frac{\pi}{2}$; $\sin(x) = -0{,}5$ liefert $x_2 = \frac{7}{6}\pi$; $x_3 = \frac{11}{6}\pi$.

Damit hat die gegebene Gleichung für $0 \leqq x < 2\pi$ die Lösungen $\frac{\pi}{2}; \frac{7}{6}\pi; \frac{11}{6}\pi$.

Tipp

c) Lösen Sie die Gleichung $\sin^2(x) + 4 \cdot \cos^2(x) = 4$.

Anwendung der Formel $\sin^2(x) + \cos^2(x) = 1$:
Aus der Gleichung $\sin^2(x) + 4 \cdot \cos^2(x) = 4;\ 0 \leqq x < 2\pi$ erhält man mit $\cos^2(x) = 1 - \sin^2(x)$ die Gleichung $\sin^2(x) + 4 \cdot [1 - \sin^2(x)] = 4$ und hieraus $-3 \cdot \sin^2(x) = 0$ bzw. $\sin^2(x) = 0$ mit den Lösungen 0 und π.

Dies sind auch die Lösungen der gegebenen Gleichung für $0 \leqq x < 2\pi$.

50 **Bestimmen Sie die Lösungen der Gleichung im Interval $0 \leqq x < 2\pi$.**

a) $\sin\left(\frac{1}{2}x\right) = \frac{1}{2}\sqrt{3}$

b) $\sin\left(\frac{1}{4}x\right) = \frac{1}{2}$

c) $2 \cdot \sin(2x - 1) = -1$

d) $\sin\left(\frac{\pi}{2}x - 1\right) = -\frac{1}{2}\sqrt{2}$

e) $\cos\left(\frac{1}{3}x\right) = \frac{1}{2}$

f) $\cos(2x + \pi) = \frac{1}{2}\sqrt{3}$

51 **Bestimmen Sie die Lösungen der Gleichung im angegebenen Intervall.**

a) $\sin^2(x) + \sin(x) - 2 = 0;\quad 0 \leqq x < \pi$

b) $2 \cdot \sin^2(x) - 3 \cdot \sin(x) + 1 = 0;\quad 0 \leqq x < 2\pi$

c) $2 \cdot \cos^2(x) + 3 \cdot \cos(x) + 1 = 0;\quad -2\pi \leqq x < 0$

52 **Bestimmen Sie die Lösungen der Gleichung im Intervall $0 \leqq x < 2\pi$.**

a) $2 \cdot \sin^2(x) = 3 \cdot \cos(x)$

b) $2 \cdot \sin^2(x) + 3 \cdot \cos^2(x) - 3 = 0$

c) $\cos^2(x) + 2 \cdot \sin(x) + 2 = 0$

53 **Bestimmen Sie die Lösungen der Gleichung im Intervall $0 \leqq x \leqq 2\pi$.**

a) $(\cos(x))^2 + 3 \cdot \cos(x) = 0$

b) $\sin(x) \cdot \cos(x) - 2\sin(x) = 0$

54 **Bestimmen Sie die Nullstellen der Funktion im Intervall $0 \leqq x < 2\pi$.**

a) $f(x) = 2 \cdot \cos\left(\frac{\pi}{2} + x\right) + 1$

b) $f(x) = 2 \cdot \sin(2x - 3) - 1$

c) $f(x) = \sin(x) + \sin(2x)$

d) $f(x) = \sin(x) - \cos(2x)$

Logarithmusgleichungen

Tipp

Eine Gleichung wie $\log_2(x+1) = 5$ heißt **Logarithmusgleichung** zur Basis 2.
Von besonderem Interesse sind **Logarithmusgleichungen zur Basis e** wie $\ln(2x-1) = 1$.
Die Auflösung nach x gelingt mit der Beziehung $e^{\ln(x)} = x$, d.h. indem man eine Gleichung auf beiden Seiten **„exponiert"**.

Beispiel: Eine Logarithmusgleichung lösen

Bei komplizierteren Logarithmusgleichungen helfen die gleichen Techniken wie bei ganzrationalen Gleichungen, um einfachere Gleichungen zu erhalten:

- **Vereinfachen**
  Aus $1 - 2 \cdot \ln(4x) = 0$ folgt $\ln(4x) = \frac{1}{2}$ und hieraus $4x = e^{\frac{1}{2}}$ bzw. $x = \frac{1}{4} \cdot e^{\frac{1}{2}} = \frac{1}{4}\sqrt{e}$.
- **Ausklammern**
  Aus $[\ln(x-1)]^2 - 2 \cdot \ln(x-1) = 0$ folgt $\ln(x-1) \cdot [\ln(x-1) - 2] = 0$.
  Nach dem Satz vom Nullprodukt ist dann $\ln(x-1) = 0$ oder $\ln(x-1) - 2 = 0$.
  Daraus ergibt sich $x - 1 = 1$ oder $x - 1 = e^2$, d.h. $x = 2$ oder $x = e^2 + 1 \approx 8{,}3891$.
- **Substitution**
  Aus $[\ln(x)]^2 + 2 \cdot \ln(x) - 8 = 0$ folgt mit der Substitution $\ln(x) = v$ die quadratische Gleichung $v^2 + 2v - 8 = 0$ mit den beiden Lösungen 2 und −4.
  Aus $v = \ln(x) = 2$ folgt $x = e^2 \approx 7{,}3891$ und aus $v = \ln(x) = -4$ folgt $x = e^{-4} \approx 0{,}0183$.
  Damit hat die Gleichung die beiden Lösungen e^2 und e^{-4}.

a) Lösen Sie die Gleichung $2x \cdot \ln\left(\frac{x}{2}\right) = 0$ für $x > 0$.

$2x \cdot \ln\left(\frac{x}{2}\right) = 0$

↙

$x_1 = 0$ ist keine Lösung, da $x > 0$

$\ln\left(\frac{x}{2}\right) = 0$, da $\ln(1) = 0$, muss gelten: $\frac{x}{2} = 1$, also $x = 2$

Damit ist 2 Lösung der Gleichung.

b) Lösen Sie die Gleichung $\ln(2x-1) + \ln 2 = 2$ für $x > 0$.

$$\begin{aligned} \ln(2x-1) + \ln 2 &= 2 && \mid \text{Logarithmusgesetz} \\ \ln((2x-1)\cdot 2) &= 2 \\ \ln(4x-2) &= 2 && \mid e^{(\,)} \\ 4x - 2 &= e^2 && \mid +2 \\ 4x &= e^2 + 2 && \mid :4 \\ x &= \frac{e^2}{4} + \frac{1}{2} \end{aligned}$$

Also ist $\frac{e^2}{4} + \frac{1}{2} \approx 2{,}35$ Lösung der Gleichung.

55 **Bestimmen Sie die Lösungen der Gleichungen.**

a) $\ln(2 - 3e^{-x}) = 0$
b) $\ln(2x - 1) = 0$
c) $\ln(4 - x^2) = 0$

56 **Bestimmen Sie die Lösungen der Gleichungen.**

a) $2 - \ln(3x) = 1$
b) $2 - \ln\left(\frac{1}{3}x^2\right) = 0$
c) $\ln(x^2) + 2 \cdot \ln(x) = 3$

57 **Bestimmen Sie die Lösungen der Gleichungen durch Ausklammern.**

a) $x \cdot \ln(x) - 2 \cdot \ln(x) = 0$
b) $2x \cdot \ln(x+1) - 5 \cdot \ln(x+1) = 0$

58 **Bestimmen Sie die Lösungen der Gleichung durch Substitution.**

a) $[\ln(x)]^2 - \ln(x) = 2$
b) $[\ln(2x)]^2 + \ln(2x) = 2$
c) $[\ln(x^2)]^2 + 8 = 6 \cdot \ln(x^2)$

59 **Für welche Werte von t hat die Gleichung Lösungen?**

a) $\ln(x^2 + t) = 0$
b) $\ln\frac{1+x}{t-x} = 0$

60 **Bestimmen Sie die Nullstellen der Funktion.**

a) $f(x) = 2 + \ln\left(\frac{x}{2}\right)$
b) $f(x) = [\ln(x+1)]^2$

61 **Für jedes $t \in \mathbb{R}$ ist eine Funktion f_t gegeben durch $f_t(x) = \ln\left(\frac{1}{x^2+t}\right)$.**

Bestimmen Sie, für welche Werte von t der Graph von f_t keinen, einen oder zwei gemeinsame Punkte mit der x-Achse hat.

Betragsgleichungen

Tipp

Eine Gleichung, in der ein oder mehrere **Beträge** vorkommen, nennt man **Betragsgleichung**. Eine einfache Betragsgleichung ist eine Gleichung, in der nur ein Betrag vorkommt.

Einfache Betragsgleichungen können durch **Fallunterscheidung** gelöst werden.

Beispiel: **Eine Betragsgleichung lösen**

$|2x-1| = 6$ bedeutet $2x-1 = +6$
oder
$2x-1 = -6$

Lösungen dieser beiden Gleichungen sind Lösung der Betragsgleichung.

62 **Lösen Sie die Gleichungen.**

a) $|4x+3| = 2$

b) $|3x+5| = 7$

c) $|6x-12| = 0$

d) $|4+2x| = -3$

63 **Lösen Sie die Gleichungen.**

a) $4x - |2x+1| = 6$

b) $3x - 8 = |2-x|$

Tipp

Wie Betragsgleichungen kann man natürlich auch Betragsungleichungen lösen.

Beispiel: Eine Betragsungleichung lösen

1. Überprüfen Sie, für welche Werte von x der Betrag größer gleich null oder negativ wird.

$|3x-6| \leqq x$

$|3x-6| \geqq 0$ für $x \geqq 2$ und

$|3x-6| < 0$ für $x < 2$

2. Fallunterscheidung

$x \geqq 2$:

$$\begin{aligned} 3x-6 &\leqq x && |+6 \\ 3x &\leqq x+6 && |-x \\ 2x &\leqq 6 && |:2 \\ x &\leqq 3 \end{aligned}$$

$x < 2$:

$$\begin{aligned} -(3x-6) &\leqq x \\ -3x-6 &\leqq x && |-6 \\ -3x &\leqq x-6 && |-x \\ -4x &\leqq -6 && |:(-4) \\ x &\geqq \frac{3}{2} \end{aligned}$$

3. Lösungen zusammenführen

$2 \leqq x \leqq 3$ und $\frac{3}{2} \leqq x < 2$

Also ist $L = \left\{x \,\middle|\, \frac{3}{2} \leqq x \leqq 3\right\}$ Lösung der Ungleichung.

64 **Lösen Sie die Ungleichungen.**

a) $4x - |2x+1| \leqq 6$

b) $3x - 8 \leqq |2-x|$

Lineare Gleichungssysteme

Der Gauß-Algorithmus

Ein lineares Gleichungssystem (LGS) besteht aus mehreren linearen Gleichungen mit einer oder mehreren Variablen, die alle erfüllt werden sollen.
Lineare Gleichungssysteme kommen in der Oberstufe in der Analysis beim Modellieren mit Funktionen vor, bei Matrizen oder in der analytischen Geometrie bei der Untersuchung von Lagebeziehungen von Geraden und Ebenen.

Tipp

Linear bedeutet, dass jede Variable höchstens mit der Hochzahl 1 vorkommt.

Mit dem **Gauß-Algorithmus** kann jedes lineare Gleichungssystem (LGS) systematisch gelöst werden. Ziel ist es, das LGS mithilfe des **Additionsverfahrens** so umzuformen bis eine Stufenform entsteht.
Erlaubte Rechenoperationen gelten immer für ganze Zeilen, also beide Seiten einer Gleichung. Man darf Zeilen vertauschen, mit einer Zahl (ungleich null) multiplizieren und addieren bzw. subtrahieren.

Ein Algorithmus ist eine eindeutige, endliche Abfolge von Einzelschritten zur Lösung eines Problems.

Beispiel: **Ein LGS mit dem Gauß-Algorithmus lösen**

Bestimmen Sie die Lösung des linearen Gleichungssystems mithilfe des Gauß-Algorithmus.

$$\begin{aligned} 3x_1 - x_2 + 2x_3 &= 7 \\ x_1 + 2x_2 + \tfrac{11}{3}x_3 &= 14 \\ x_1 - 5x_2 - 4x_3 &= -21 \end{aligned}$$

Multiplizieren Sie Zeile 1 oder Zeile 2 so mit einer Zahl, dass bei Zeile 1 plus Zeile 2 die erste Variable (x_1) eliminiert wird.
Schreiben Sie Zeile 1 und 3 ab, in der neuen Zeile 2 steht die Summe der ersten beiden Zeilen.

$$\begin{aligned} 3x_1 - x_2 + 2x_3 &= 7 \\ x_1 + 2x_2 + \tfrac{11}{3}x_3 &= 14 \quad | \cdot (-3) \quad + \\ x_1 - 5x_2 - 4x_3 &= -21 \\ \hline 3x_1 - x_2 + 2x_3 &= 7 \\ -3x_1 - 6x_2 - 11x_3 &= -42 \\ x_1 - 5x_2 - 4x_3 &= -21 \end{aligned}$$

Diesen Zwischenschritt kann man auch weglassen.

Multiplizieren Sie Zeile 1 oder 3 so mit einer Zahl, dass bei Zeile 1 plus Zeile 3 die erste Variable (x_1) eliminiert wird.
Schreiben Sie Zeile 1 und 2 ab, in der neuen Zeile 3 steht die Summe von Zeile 1 und 3.

$$\begin{aligned} 3x_1 - x_2 + 2x_3 &= 7 \quad + \\ - 7x_2 - 9x_3 &= -35 \\ x_1 - 5x_2 - 4x_3 &= -21 \quad | \cdot (-3) \\ \hline 3x_1 - x_2 + 2x_3 &= 7 \\ - 7x_2 - 9x_3 &= -35 \\ -3x_1 + 15x_2 + 12x_3 &= 63 \end{aligned}$$

Tipp

Multiplizieren Sie Zeile 3 oder 2 so mit einer Zahl, dass bei Zeile 2 plus Zeile 3 die zweite Variable (x_2) eliminiert wird.

$$\begin{aligned} 3x_1 - x_2 + 2x_3 &= 7 \\ -7x_2 - 9x_3 &= -35 \quad | \cdot 2 \\ 14x_2 + 14x_3 &= 70 \end{aligned}$$

$$\begin{aligned} 3x_1 - x_2 + 2x_3 &= 7 \\ -14x_2 - 18x_3 &= -70 \\ 14x_2 + 14x_3 &= 70 \end{aligned}$$

$$\begin{aligned} 3x_1 - x_2 + 2x_3 &= 7 \\ -7x_2 - 9x_3 &= -35 \\ -4x_3 &= 0, \end{aligned}$$

Berechnen Sie den Wert für die dritte Variable und bestimmen Sie die anderen Variablen durch Einsetzen.

also $x_3 = 0$
$-7x_2 - 9 \cdot 0 = -35$, also $x_2 = 5$
$3x_1 - 5 + 0 = 7$, also $x_1 = 4$

Schreiben Sie die Lösungsmenge auf.

$L = \{(4;5;0)\}$

1 **Bestimmen Sie die Lösung des linearen Gleichungssystems.**

$$\begin{aligned} 3x_1 - x_2 + x_3 &= 2 \\ x_1 + x_2 - 2x_3 &= 7 \\ 2x_1 + 3x_2 + 5x_3 &= 8 \end{aligned}$$

2 **Bestimmen Sie die Lösungsmenge.**

a) $$\begin{aligned} 1x_1 + 2x_2 + 3x_3 &= 12 \\ -x_1 + x_2 + 4x_3 &= 4 \\ 3x_1 - 4x_2 - 1x_3 &= -4 \end{aligned}$$

L = {(; ;)}

b) $$\begin{aligned} -2x_1 + 3x_2 + 3x_3 &= 6 \\ 1x_1 + 2x_2 - 2x_3 &= 0 \\ 4x_1 - 2x_2 - 2x_3 &= -4 \end{aligned}$$

L = {(; ;)}

c) $$\begin{aligned} -2x_1 + 3x_2 + 3x_3 &= 6 \\ 5x_1 + 2x_2 - 2x_3 &= -2 \\ 4x_1 - 2x_2 - 2x_3 &= -4 \end{aligned}$$

L = {(; ;)}

d) $$\begin{aligned} 4x_1 + 3x_2 + 3x_3 &= 6 \\ 5x_1 + 2x_2 - 2x_3 &= 12 \\ 4x_1 - 2x_2 - 2x_3 &= -4 \end{aligned}$$

L = {(; ;)}

e) $$\begin{aligned} 3x_1 + 2x_2 + 1x_3 &= 8 \\ -2x_1 - 2x_2 - 4x_3 &= 10 \\ -2x_1 + 3x_2 + 3x_3 &= -15 \end{aligned}$$

L = {(; ;)}

Lösbarkeit von linearen Gleichungssystemen

Tipp

Soll ein LGS eindeutig lösbar sein können, muss es aus mindestens genauso vielen Zeilen wie Variablen bestehen.

Ein LGS hat entweder **genau eine**, **keine** oder **unendlich** viele Lösungen.

Beispiele:
Bei komplizierteren Logarithmusgleichungen helfen die gleichen Techniken wie bei ganzrationalen Gleichungen, um einfachere Gleichungen zu erhalten.

a) Bestimmen Sie die Lösungen des linearen Gleichungssystems $x_1 + x_2 - 3x_3 = 5$.

$$\begin{aligned} x_1 + x_2 - 3x_3 &= 5 \\ x_2 + x_3 &= 1 \\ x_3 &= 4 \end{aligned}$$

genau eine Lösung
$L = \{(20; -3; 4)\}$

b) Bestimmen Sie die Lösungen des linearen Gleichungssystems $x_1 + 2x_2 - x_3 = -1$.

$$\begin{aligned} x_1 + 2x_2 - x_3 &= -1 \\ 5x_2 + x_3 &= 2 \\ 0x_3 &= 1 \end{aligned}$$

keine Lösung
$L = \{\ \}$
Die letzte Gleichung ist vom Typ $0 = 1$.

c) Bestimmen Sie die Lösungen des linearen Gleichungssystems $-x_1 + x_2 - 8x_3 = 4$.

$$\begin{aligned} -x_1 + x_2 - 8x_3 &= 4 \\ x_2 - 3x_3 &= -1 \\ 0x_3 &= 0 \end{aligned}$$

unendlich viele Lösungen
$L = \{(-5t-5; 3t-1; t), t \in \mathbb{R}\}$
Setzt man $x_3 = t$, erhält man x_2 und x_1 auch in Abhängigkeit von t.

3 **Bestimmen Sie die Lösung des linearen Gleichungssystems.**

a) $\begin{aligned} 2x_1 - x_2 &= 11 \\ 4x_1 + 2x_2 &= 2 \end{aligned}$

b) $\begin{aligned} 3x_1 - 4x_2 &= 12 \\ 21x_1 + 24x_2 &= -46 \end{aligned}$

c) $\begin{aligned} 4x_1 + 5x_2 &= 8 \\ 5x_1 - 9x_2 &= 16 \end{aligned}$

d) $\begin{aligned} x_1 - 4x_2 - x_3 &= 1 \\ x_1 + 2x_2 + 2x_3 &= 7 \\ 3x_1 + 8x_2 - 2x_3 &= -4 \end{aligned}$

e) $\begin{aligned} 3x_1 - 2x_2 - x_3 &= -28 \\ x_1 + 2x_3 &= 18 \\ x_1 + 2x_2 &= 10 \end{aligned}$

f) $\begin{aligned} 3x_1 - 4x_2 + 2x_3 &= -15 \\ 3x_2 - 5x_3 &= -14 \\ -3x_1 + 3x_3 &= 22 \end{aligned}$

4 **Bestimmen Sie die Lösungsmenge des linearen Gleichungssystems.**

a) $\begin{aligned} x_1 - 2x_2 - x_3 &= -4 \\ 3x_1 + 4x_2 - 8x_3 &= 8 \\ 2x_1 + x_2 - \tfrac{9}{2}x_3 &= 2 \end{aligned}$

b) $\begin{aligned} x_1 + x_2 + 2x_3 &= 6 \\ 2x_1 - x_2 - x_3 &= -5 \\ 4x_1 + x_2 + 3x_3 &= 6 \end{aligned}$

c) $\begin{aligned} 3x_1 - 4x_2 + 5x_3 &= 16 \\ x_1 + 2x_2 &= -3 \\ x_1 - 6x_2 + 4x_3 &= 17 \end{aligned}$

5 **Für welche Werte von t hat das LGS genau eine Lösung? Geben Sie für diesen Fall die Lösung in Abhängigkeit von t an.**

a) $\begin{aligned} 2x_1 - x_2 &= 7 \\ tx_1 + 2x_2 &= 5 \end{aligned}$

b) $\begin{aligned} tx_1 + 2tx_2 &= 5 \\ 3x_1 + 8x_2 &= 9 \end{aligned}$

c) $\begin{aligned} 2x_1 - tx_2 &= 3 \\ 2tx_1 - x_2 &= 10 \end{aligned}$

Modellieren von Funktionen mit linearen Gleichungssystemen

Tipp

Manchmal ist nicht eine Funktion angegeben, die untersucht werden soll, sondern es soll umgekehrt eine Funktion f bestimmt werden, deren Graph K **vorgegebene Bedingungen** erfüllt. Diese Bedingungen kann man mithilfe von f, f′, f″ usw. formulieren.

Wichtige Bedingungen an K sind:
- K verläuft durch den **Punkt** $\mathbf{P(x_0 \mid y_0)}$: $\mathbf{f(x_0) = y_0}$
- K hat an der Stelle x_0 die **Steigung m**: $\mathbf{f'(x_0) = m}$
- K besitzt den **Extrempunkt** $\mathbf{E(x_E \mid y_E)}$: $\mathbf{f(x_E) = y_E}$ **und** $\mathbf{f'(x_E) = 0}$
- K besitzt den **Wendepunkt** $\mathbf{W(x_W \mid y_W)}$: $\mathbf{f(x_W) = y_W}$ **und** $\mathbf{f''(x_W) = 0}$

Bei **ganzrationalen** Funktionen führen diese Bedingungen auf ein **LGS**.

Nützlich ist, vorgegebene **Symmetrien** im Ansatz zu berücksichtigen:
- **Achsensymmetrie** zur y-Achse: Ansatz mit nur **geraden** Hochzahlen;
- **Punktsymmetrie** zum Ursprung: Ansatz mit nur **ungeraden** Hochzahlen.

Bei anderen Funktionenklassen wie z. B. e-Funktionen geht man entsprechend vor. Zu beachten ist aber, dass sich dann **kein lineares** Gleichungssystem ergibt.

Beispiel: Eine Funktion zu vorgegebenen Eigenschaften bestimmen
Der Graph einer ganzrationalen Funktion zweiten Grades geht durch den Punkt $P(0 \mid 4)$ und hat im Punkt $Q(1 \mid 6)$ die Steigung 7.
Bestimmen Sie einen zugehörigen Funktionsterm.

1. Notieren Sie die vorgegebenen Eigenschaften und übersetzen Sie diese in mathematische Bedingungen.

Hinweis:
Für eine ganzrationale Funktion zweiten Grades benötigt man $2 + 1 = 3$ Bedingungen.

Mathematische Bedingungen:
ganzrationale Funktion zweiten Grades
$f(x) = ax^2 + bx + c$
$f'(x) = 2ax^2 + b$

(1) Punkt $P(0 \mid 4)$:
$a \cdot 0 + b \cdot 0 + c = 4$, also $c = 4$

(2) Punkt $Q(1 \mid 6)$:
$a \cdot 1 + b \cdot 1 + c = 6$ | c einsetzen
$a + b + 4 = 6$, also $a + b = 2$

(3) in $Q(1 \mid 6)$ Steigung 7:
$2a \cdot 1 + b \cdot 1 = 7$

Tipp

2. Stellen Sie aus den Bedingungen das zugehörige LGS auf und bestimmen Sie die Lösung.

LGS:

$$\begin{aligned} a + b &= 2 \quad | \cdot (-2) \\ 2a + b &= 7 \end{aligned}$$

(+)

$$\begin{aligned} a + b &= 2 \\ -b &= 3 \end{aligned}$$

$a - 3 = 2$, also $a = 5$ und $b = -3$

3. Schreiben Sie den Funktionsterm auf.

$f(x) = 5x^2 - 3x + 4$

6 **Bestimmen Sie den Term für eine ganzrationale Funktion f mit Graph K.**

a) f hat den Grad 4; K ist achsensymmetrisch zur y-Achse, verläuft durch den Ursprung $O(0\,|\,0)$ und hat den Hochpunkt $H(2\,|\,9)$.

b) f hat den Grad 3; K ist punktsymmetrisch zum Ursprung und hat den Hochpunkt $H\left(\sqrt{3}\,|\,\sqrt{3}\right)$.

c) f hat den Grad 3; K geht durch die Punkte $O(0\,|\,0)$, $X_1(3\,|\,0)$, $X_2(6\,|\,0)$ und hat in O die Steigung 3.

7 **Es gilt $f(x) = \frac{ax^2}{bx+2}$; K hat den Hochpunkt $H(-3\,|\,-3)$.**

Bestimmen Sie f(x).

8 **Der Graph K einer ganzrationalen Funktion f vom Grad 3 verläuft durch $X(6\,|\,0)$, hat den Wendepunkt $W(2\,|\,4)$ und die Tangente in W hat die Steigung 3. Bestimmen Sie f(x).**

Lineare Gleichungssysteme und Matrizen

Tipp

Was ist eine Matrix? – Grundlagen und wichtige Begriffe

Eine **Matrix** (Plural: **Matrizen**) ist eine rechteckige, tabellarische Anordnung von Elementen (Zahlen). Die einzelnen Elemente sind waagrecht in **Zeilen**, senkrecht in **Spalten** angeordnet.

Anders als bei einer Tabelle verzichtet man bei der Darstellung einer Matrix auf Trennlinien. Den Rahmen einer Matrix bilden zwei runde oder eckige Klammern.

Bezeichnet wird eine Matrix mit einem **Großbuchstaben**. Manchmal findet man im Index durch die Angabe der Zeilen- und Spaltenzahl die Information zur Größe der Matrix.
Besteht eine Matrix A aus m Zeilen und n Spalten, dann nennt man **A** eine **m × n-Matrix** (sprich: „m Kreuz n Matrix").
In einer Matrix wird immer die Zeile vor der Spalte genannt.
Eine ganze Zeile nennt man auch **Zeilenvektor**, eine ganze Spalte auch **Spaltenvektor**.
Die einzelnen Elemente einer Matrix (auch **Komponenten** genannt) werden mit einem Kleinbuchstaben und der Angabe der Position im Index bezeichnet.
a_{24} bedeutet, dass das Elemente a in der Matrix A in Zeile 2 und Spalte 4 steht.

Ein Vektor $\vec{v}$ ist also ein Spezialfall einer Matrix.
Der Vektor $\vec{v} = \begin{pmatrix} 2 \\ 4 \\ -1 \end{pmatrix}$ entspricht einer 3 × 1-Matrix.

Tabelle:

a_{11}	a_{12}	a_{13}	…	a_{1n}
a_{21}	a_{22}	a_{23}	…	a_{2n}
a_{31}	a_{32}	a_{33}	…	a_{3n}
…	…	…	…	…
a_{m1}	a_{m2}	a_{m3}	…	a_{mn}

Matrix:

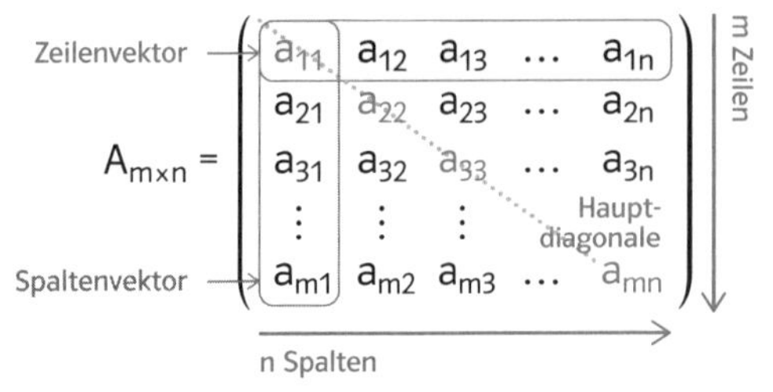

Tipp

Was haben Matrizen und lineare Gleichungssysteme gemeinsam?

Ein lineares Gleichungssystem (LGS) kann auch mit einer Matrix und Vektoren geschrieben werden.

Dabei wird die linke Seite des LGS beschrieben als Produkt einer Matrix A mit einem Vektor $\vec{x}$, der die Variablen enthält, und die rechte Seite des LGS ist der Ergebnisvektor $\vec{b}$ des Produkts, kurz $\mathbf{A} \cdot \vec{\mathbf{x}} = \vec{\mathbf{b}}$.

Die Lösungsmenge des LGS besteht dann aus allen Vektoren $\vec{x}$, für die die Gleichung $A \cdot \vec{x} = \vec{b}$ erfüllt ist.

LGS:
$$\begin{aligned} x_1 + x_2 - x_3 &= 2 \\ 2x_1 - 2x_2 + 2x_3 &= 4 \\ 2x_2 + 3x_3 &= -5 \end{aligned}$$

Matrix:
$$\begin{pmatrix} 1 & 1 & -1 \\ 2 & -2 & 2 \\ 0 & 2 & 3 \end{pmatrix} \cdot \begin{pmatrix} x_1 \\ x_2 \\ x_3 \end{pmatrix} = \begin{pmatrix} 2 \\ 4 \\ -5 \end{pmatrix}$$

Weil die Matrix A alle Koeffizienten des LGS enthält, wird sie auch Koeffizientenmatrix genannt.

Wie kann man die Lösungsmenge eines LGS bestimmen?

Muss man die Lösungsmenge eines LGS bestimmen, nimmt man die **erweiterte Koeffizientenmatrix** und bringt sie z. B. mit dem Gauß-Algorithmus durch Zeilenumformungen in Dreiecksform.

Folgende **Umformungen** sind dabei erlaubt:

- Vertauschen von (zwei) Zeilen
- Multiplizieren einer Zeile mit einer (von Null verschiedenen) Zahl
- Addieren von zwei Zeilen

LGS:
$$\begin{aligned} x_1 + x_2 - x_3 &= 2 \\ 2x_1 - 2x_2 + 2x_3 &= 4 \\ 2x_2 + 3x_3 &= -5 \end{aligned}$$

Erweiterte Koeffizientenmatrix (A | b):

$$\begin{array}{ccc} x_1 & x_2 & x_3 \end{array}$$
$$\left(\begin{array}{ccc|c} 1 & 1 & -1 & 2 \\ 2 & -2 & 2 & 4 \\ 0 & 2 & 3 & -5 \end{array}\right) \begin{array}{l} \cdot(-2) \\ + \\ \end{array}$$

$$\left(\begin{array}{ccc|c} 1 & 1 & -1 & 2 \\ 0 & -4 & 4 & 0 \\ 0 & 2 & 3 & -5 \end{array}\right) \begin{array}{l} \\ + \\ \cdot 2 \end{array}$$

$$\begin{array}{ccc} x_1 & x_2 & x_3 \end{array}$$
$$\left(\begin{array}{ccc|c} 1 & 1 & -1 & 2 \\ 0 & -4 & 4 & 0 \\ 0 & 0 & 10 & -10 \end{array}\right) \quad x_3 = -1$$

Dreiecksform

$x_3 = -1$ in Gleichung 2:
$-4x_2 + 4 \cdot (-1) = 0$, also $x_2 = -1$
$x_3 = -1$ und $x_2 = -1$ in Gleichung 1:
$x_1 - 1 - (-1) = 2$, also $x_1 = 2$
$L = \{(2; -1; -1)\}$

9 **Lösen Sie das lineare Gleichungssystem.**

$$\begin{aligned} 2x_1 \phantom{{}+x_2} - x_3 &= 3 \\ -x_1 + x_2 + x_3 &= 8 \\ 2x_2 - x_3 &= 1 \end{aligned}$$

Lineare Gleichungssysteme in der Analytischen Geometrie

Tipp

Rechnerische Überprüfung der Lage von Geraden – Lösen von linearen Gleichungssystemen

Beispiel: **Zwei sich schneidende Geraden**

Überprüfen Sie die Lagebeziehung der Geraden g und h mit

$$g: \vec{x} = \begin{pmatrix} -1 \\ -6 \\ 4 \end{pmatrix} + t \cdot \begin{pmatrix} 2 \\ 1 \\ 1 \end{pmatrix} \text{ und } h: \vec{x} = \begin{pmatrix} 2 \\ -2 \\ 7 \end{pmatrix} + s \cdot \begin{pmatrix} 1 \\ 3 \\ 2 \end{pmatrix}.$$

0. Überprüfen Sie die Richtungsvektoren.

$$\begin{pmatrix} 2 \\ 1 \\ 1 \end{pmatrix} = k \cdot \begin{pmatrix} 1 \\ 3 \\ 2 \end{pmatrix} \quad \begin{array}{l} 2 = k, \\ 1 = 3k, \text{ also } k = \frac{1}{3} \end{array}$$

Die Richtungsvektoren sind also nicht parallel.

1. Prüfen Sie, ob es einen gemeinsamen Punkt gibt, indem Sie die Geradengleichungen gleichsetzen, also $g = h$.

$$\begin{pmatrix} -1 \\ -6 \\ 4 \end{pmatrix} + t \cdot \begin{pmatrix} 2 \\ 1 \\ 1 \end{pmatrix} = \begin{pmatrix} 2 \\ -2 \\ 7 \end{pmatrix} + s \cdot \begin{pmatrix} 1 \\ 3 \\ 2 \end{pmatrix}$$

Beachte: Die Geraden müssen unterschiedliche Parameter haben.

2. Schreiben Sie die Gleichung zeilenweise als lineares Gleichungssystem (LGS).

$$\begin{array}{rcll} -1 + 2t &=& 2 + s & \mid +1 - s \\ -6 + t &=& -2 + 3s & \mid +6 - 3s \\ 4 + t &=& 7 + 2s & \mid -4 - 2s \end{array}$$

3. Lösen Sie das LGS, indem Sie
   - alle Parameter nach links und die Zahl auf die rechte Seite der Gleichungen bringen.
   - jeweils eine Gleichung so umformen, dass durch Addition ein Parameter eliminiert wird (herausfällt).
   - den erhaltenen Wert des Parameters in eine Gleichung einsetzen und den anderen Parameter berechnen.
   - die Lösung überprüfen, indem Sie beide Parameter in die dritte Gleichung einsetzen.

$$\begin{array}{rcl} 2t - s &=& 2 + 1 \\ t - 3s &=& -2 + 6 \\ t - 2s &=& 7 - 4 \end{array}$$

$$\begin{array}{rcll} 2t - s &=& 3 & \\ t - 3s &=& 4 & \\ t - 2s &=& 3 & \mid \cdot (-1) \;\; + \end{array}$$

$$\begin{array}{rcll} 2t - s &=& 3 & \\ t - 3s &=& 4 & \\ -s &=& 1 & \text{also } s = -1 \end{array}$$

$$\begin{array}{rcll} 2t - s &=& 3 & \\ t - 3 \cdot (-1) &=& 4 & \text{also } t = 1 \\ s &=& -1 & \end{array}$$

$2 \cdot 1 - (-1) = 3$ ✓

$t = 1$ in g einsetzen

4. Berechnen Sie den gemeinsamen Schnittpunkt, indem Sie t oder s in die entsprechende Geradengleichung einsetzen.

$$\begin{pmatrix} -1 \\ -6 \\ 4 \end{pmatrix} + 1 \cdot \begin{pmatrix} 2 \\ 1 \\ 1 \end{pmatrix} = \begin{pmatrix} -1 + 2 \\ -6 + 1 \\ 4 + 1 \end{pmatrix} = \begin{pmatrix} 1 \\ -5 \\ 5 \end{pmatrix}$$

g und h schneiden sich in $S(1 \mid -5 \mid 5)$.

10 **Die beiden Geraden schneiden sich. Berechnen Sie die Koordinaten des Schnittpunktes S.**

a) $g: \vec{x} = \begin{pmatrix} 1 \\ 2 \\ 3 \end{pmatrix} + t \cdot \begin{pmatrix} 1 \\ 4 \\ 2 \end{pmatrix}$; $\quad h: \vec{x} = \begin{pmatrix} -1 \\ -6 \\ -1 \end{pmatrix} + s \cdot \begin{pmatrix} 1 \\ 1 \\ 2 \end{pmatrix}$

b) $g: \vec{x} = \begin{pmatrix} 9 \\ -4 \\ -1 \end{pmatrix} + t \cdot \begin{pmatrix} 2 \\ 3 \\ 1 \end{pmatrix}$; $\quad h: \vec{x} = \begin{pmatrix} -11 \\ 2 \\ 10 \end{pmatrix} + s \cdot \begin{pmatrix} -6 \\ 3 \\ 4 \end{pmatrix}$

c) $g: \vec{x} = \begin{pmatrix} 1 \\ -2 \\ -6 \end{pmatrix} + t \cdot \begin{pmatrix} -5 \\ -5 \\ 3 \end{pmatrix}$; $\quad h: \vec{x} = \begin{pmatrix} -2 \\ 5 \\ -1 \end{pmatrix} + s \cdot \begin{pmatrix} 4 \\ -1 \\ -4 \end{pmatrix}$

d) $g: \vec{x} = \begin{pmatrix} -2 \\ 5 \\ 4 \end{pmatrix} + t \cdot \begin{pmatrix} -5 \\ 1 \\ -1 \end{pmatrix}$; $\quad h: \vec{x} = \begin{pmatrix} 5 \\ 1 \\ 4 \end{pmatrix} + s \cdot \begin{pmatrix} -2 \\ 3 \\ 1 \end{pmatrix}$

11 **Die drei Geraden g, h und i bilden ein Dreieck. Berechnen Sie die Eckpunkte des Dreiecks.**

a) $g: \vec{x} = \begin{pmatrix} 6 \\ 6 \\ 0 \end{pmatrix} + t \cdot \begin{pmatrix} -3 \\ -3 \\ 6 \end{pmatrix}$; $\quad h: \vec{x} = \begin{pmatrix} 6 \\ 0 \\ 0 \end{pmatrix} + s \cdot \begin{pmatrix} -1{,}5 \\ 1{,}5 \\ 3 \end{pmatrix}$; $\quad i: \vec{x} = \begin{pmatrix} 6 \\ 3 \\ 0 \end{pmatrix} + r \cdot \begin{pmatrix} 0 \\ 1 \\ 0 \end{pmatrix}$

b) $g: \vec{x} = \begin{pmatrix} 1 \\ 0 \\ 2 \end{pmatrix} + t \cdot \begin{pmatrix} 1 \\ -1 \\ 1 \end{pmatrix}$; $\quad h: \vec{x} = \begin{pmatrix} 3 \\ -2 \\ 4 \end{pmatrix} + s \cdot \begin{pmatrix} 2 \\ 3 \\ 0 \end{pmatrix}$; $\quad i: \vec{x} = \begin{pmatrix} 1 \\ -15 \\ 8 \end{pmatrix} + r \cdot \begin{pmatrix} 4 \\ 11 \\ -2 \end{pmatrix}$

12 **In einem Quader schneiden sich die Raumdiagonalen im Mittelpunkt M. Berechnen Sie die Koordinaten von M.**

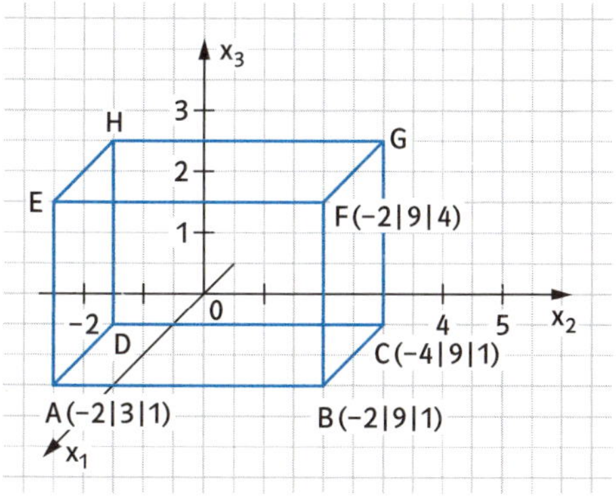

Tipp

Wie kann man die gegenseitige Lage von zwei Ebenen rechnerisch bestimmen?

Gegeben sind zwei Ebenen E und F in Koordinatenform mit
E: $n_{E_1} \cdot x_1 + n_{E_2} \cdot x_2 + n_{E_3} \cdot x_3 = d_E$
und
F: $n_{F_1} \cdot x_1 + n_{F_2} \cdot x_2 + n_{F_3} \cdot x_3 = d_F$.

Soll man die Lagebeziehung bestimmen, muss man ein sogenanntes unterbestimmtes lineares Gleichungssystem lösen.

Tipp:
Ist die Ebene in einer anderen Form gegeben, empfiehlt es sich, die Ebene zuerst in die Koordinatenform umzuwandeln, dann ist der Rechenaufwand deutlich geringer und die Rechnung somit weniger fehleranfällig.

Beispiel: **Lagebeziehungen untersuchen**

Untersuchen Sie, wie die Ebene E mit E: $2x_1 - 4x_3 = 2$ und die Ebene F mit F: $-x_1 + 2x_2 - x_3 = -1$ zueinander liegen.

1. Schreiben Sie das LGS auf.

$$\begin{array}{ll} \text{I} & 2x_1 \qquad\quad - 4x_3 = 2 \quad | \text{ wähle } x_3 = 0 \\ \text{II} & -x_1 + 2x_2 - x_3 = -1 \\ \hline & 2x_1 \qquad\qquad\quad = 2, \quad \text{also } x_1 = 1 \end{array}$$

2. Eliminieren Sie eine Variable.

3. Wählen Sie für eine Variable einen Wert, z.B. $x_3 = 0$ und berechnen Sie den Wert für die zweite Variable.
Setzen Sie die Werte für die beiden Variablen in die nicht benutzte Zeile und berechnen Sie den Wert für die dritte Variable. Schreiben Sie den zugehörigen Punkt P auf.

$x_1 = 1$ und $x_3 = 0$ in II:
$-1 + 2x_2 = -1$
$2x_2 = 0$
also $x_2 = 0$

P(1|0|0)

Tipp:
Fehlt in einer Zeile eine Variable, dann können Sie eine Variable wählen und die zweite direkt berechnen.

Tipp

4. Wiederholen Sie den dritten Schritt mit einem anderen Wert, hier z.B. $x_3 = 1$ und schreiben Sie den zugehörigen Punkt Q auf.

$$\begin{array}{lrcl} \text{I} & 2x_1 \qquad - 4x_3 & = & 2 \quad | \text{ wähle } x_3 = 1 \\ \text{II} & -x_1 + 2x_2 - \ x_3 & = & -1 \\ \hline & 2x_1 \qquad - 4 & = & 2 \end{array}$$

also $x_1 = 3$

$x_1 = 3$ und $x_3 = 1$ in II:

$-3 + 2x_2 - 1 = -1$

$2x_2 = 3$, also $x_2 = \frac{3}{2} = 1{,}5$

$Q(3\,|\,1{,}5\,|\,1)$

5. Stellen Sie eine Geradengleichung auf für die Gerade, die durch P und Q geht.

Die beiden Ebenen schneiden sich in der Geraden g durch P und Q:

$$g: \vec{x} = \begin{pmatrix} 1 \\ 0 \\ 0 \end{pmatrix} + t \cdot \begin{pmatrix} 2 \\ 1{,}5 \\ 1 \end{pmatrix}$$

Tipp:
Schreibt man den allgemeinen Geradenpunkt auf, erhält man eine allgemeine Lösung des LGS:
$X(1 + 2t\,|\,1{,}5t\,|\,t)$, also $L = \{(1 + 2t; 1{,}5t; t)\}$

13 **Untersuchen Sie die gegenseitige Lage der Ebenen E_1 und E_2. Ermitteln Sie gegebenenfalls eine Gleichung der Schnittgeraden.**

a) $E_1\colon\ 4x_1 + x_2 = 2$; $\qquad E_2\colon\ 8x_1 + 2x_2 = 4$

b) $E_1\colon\ x_1 - 2x_2 - x_3 = 1$; $\qquad E_2\colon\ 4x_1 - 8x_2 - 4x_3 = 2$

c) $E_1\colon\ 2x_1 + 3x_2 + x_3 = 2$; $\qquad E_2\colon\ -2x_1 - 3x_2 + x_3 = 6$

14 **Zeigen Sie, dass die Ebenen**

$E_1\colon\ x_1 + 2x_2 - 2x_3 = 4$ und $E_2\colon\ 2x_1 + 2x_2 + 3x_3 = 1$

orthogonal sind und geben Sie eine Gleichung der Schnittgeraden an.

2 Gleichungen

1 Mögliche Schnittpunkte kann man durch Gleichsetzen bestimmen:

$x^2 - 3 = x^2 + 2x + 1 \quad | -x^2$

$-3 = 2x + 1 \quad | -1$

$-4 = 2x \quad | :2$

$-2 = x$

Die Gleichung hat eine Lösung $L = \{-2\}$. Damit schneiden sich die beiden Graphen. Schnittpunkt ist $S(-2\,|\,f(-2))$, also $S(-2\,|\,1)$.

2 Da x die Variable ist, müssen Sie die Gleichung nach x auflösen. Bringen Sie dazu alle x auf eine Seite, alle a auf die andere Seite.

$2x + 3a = 3x - 6a \quad | -2x$

$3a = x - 6a \quad | +6a$

$9a = x$

Damit ist 9a Lösung der Gleichung für alle a.

3 $kx = x + 2 \quad | -2$

$kx - 2 = x \quad | -kx$

$-2 = x - kx \quad |$ x ausklammern

$-2 = x(1-k) \quad | :1-k$

$\frac{-2}{1-k} = 1$

Für alle $k \neq 1$ ist $\frac{-2}{1-k}$ Lösung der Gleichung.

4 Lösen Sie die Gleichungen mithilfe einer Lösungsformel.

a) $x_{1,2} = \frac{-1 \pm \sqrt{1 - 4 \cdot \left(-\frac{1}{2}\right) \cdot 4}}{2 \cdot \left(-\frac{1}{2}\right)} = \frac{-1 \pm 3}{-1}$, also $x_1 = -2$, $x_2 = 4$, $L = \{-2; 4\}$

b) $L = \{1; 2\}$ c) $L = \{1\}$ d) keine Lösung e) $L = \{-8; 2\}$

f) keine Lösung g) $L = \{-9; -1\}$ h) keine Lösung

5 a) $x^2 - x - 6 = 0 \quad L = \{-2; 3\}$

b) $x^2 + 4x - 45 = 0 \quad L = \{-9; 5\}$

c) $3x^2 - 6x + 3 = 0 \quad L = \{1\}$

d) $x^2 + 2x + 5 = 0 \quad L = \{\ \}$

e) $2x^2 + 8x + 8 = 0 \quad L = \{-2\}$

6 a) $x_1 = \frac{4+8}{6} = 2$; $\quad x_2 = \frac{4-8}{6} = -\frac{2}{3}$; $\quad L = \left\{-\frac{2}{3}; 2\right\}$

b) $2x^2 - 5x - 3 = 0$; $\quad x_1 = \frac{5+7}{4} = 3$; $\quad x_2 = \frac{5-7}{4} = -\frac{1}{2}$; $\quad L = \left\{-\frac{1}{2}; 3\right\}$

c) $6x^2 - 13x + 6 = 0$; $\quad x_1 = \frac{13+5}{12} = \frac{3}{2}$; $\quad x_2 = \frac{13-5}{12} = \frac{2}{3}$; $\quad L = \left\{\frac{2}{3}; \frac{3}{2}\right\}$

d) $x^2 - 2x - 5 = 0$; $\quad x_1 = \frac{2+\sqrt{24}}{2} = \frac{2+2\sqrt{6}}{2} = 1 + \sqrt{6}$; $\quad x_2 = 1 - \sqrt{6}$; $\quad L = \{1-\sqrt{6}; 1+\sqrt{6}\}$

7 Bestimmen Sie die Diskriminante und setzen Sie diese gleich 0. Lösen Sie diese Gleichung erst für 0, dann vergleichen Sie für Werte kleiner oder gleich der berechneten Lösung.

	Diskriminante	keine Lösung	eine Lösung	zwei Lösungen
a)	$16 - 16a$	$a > 1$	$a = 1$	$a < 1$
b)	$36 - 32a$	$a > \frac{9}{8}$	$a = \frac{9}{8}$	$a < \frac{9}{8}$
c)	$a^2 - 4$	zwei Lösungen: $a < -2$ oder $a > 2$	$a = -2$ oder $a = 2$	keine Lösung: $-2 < a < 2$
d)	$1 - 4a$	$a > \frac{1}{4}$	$a = \frac{1}{4}$	$a < \frac{1}{4}$
e)	$9a^2 - 36$	$-2 < a < 2$	$a = -2$ oder $a = 2$	$a < -2$ oder $a > 2$

8 a) Für die Diskriminante gilt: $1 - 4 \cdot k$.
Dieser Term ist auf jeden Fall größer null, wenn k negativ oder null ist.

☒ −3 ☒ −2
☒ −1 ☒ 0
☐ 2 ☐ 3

b) Für die Diskriminante gilt: $16 - 4 \cdot 2 \cdot k$. Dieser Term ist null für $k = 2$.

☐ −3 ☐ −2
☐ −1 ☐ 0
☒ 2 ☐ 3

9

	wahr	falsch
a) Die quadratische Gleichung $x^2 = -3x + 4$ hat zwei Lösungen. $D = 9 + 16 = 25$	☒	☐
b) Ist $b > 2$, dann hat die Gleichung $x^2 - 2bx + 4 = 0$ keine Lösung. $D = 4b^2 - 16;\ b = \pm 2;\ b > 0{:}\ D > 0$	☐	☒
c) $-x^2 + 3x - 2 = 0$ hat die Lösungen −1 und −2. Überprüfen, z. B. durch Einsetzen: $-1 - 3 - 2 \neq 0$	☐	☒

10 a) $2x^4 - 8x^2 - 4{,}5 = 0$

Substitution: $x^2 = u$

$2u^2 - 8u - 4{,}5 = 0$

$u_{1,2} = \frac{8 \pm \sqrt{64 + 36}}{4}$

$u_1 = \frac{18}{4};\ u_2 = -\frac{1}{2}$

Rücksubstitution: $x^2 = u$

$x^2 = \frac{18}{4}$ $\qquad x^2 = -\frac{1}{2}$

$x_1 = \sqrt{\frac{18}{4}} = \frac{3}{2}\sqrt{2}$ $\qquad$ keine Lösung

$x_2 = -\sqrt{\frac{18}{4}} = -\frac{3}{2}\sqrt{2}$

$L = \left\{\pm \frac{3}{2}\sqrt{2}\right\}$

b) $-4x^4 - 6x^2 + 4 = 0$

Substitution: $x^2 = u$

$-4u^2 - 6u + 4 = 0$

$u_{1,2} = \frac{6 \pm \sqrt{36 + 64}}{-8}$

$u_1 = -2;\ u_2 = \frac{1}{2}$

Rücksubstitution: $x^2 = u$

$x^2 = \frac{1}{2}$ $\qquad x^2 = -2$

$x_1 = \sqrt{\frac{1}{2}}$ $\qquad$ keine Lösung

$x_2 = -\sqrt{\frac{1}{2}}$

$L = \left\{\pm \sqrt{\frac{1}{2}}\right\}$

c) $x^4 + 3x^2 - 10 = 0$

Substitution: $x^2 = u$

$u^2 + 3u - 10 = 0$

$u_{1,2} = \frac{-3 \pm \sqrt{9+40}}{2}$

$u_1 = -5;\ u_2 = 2$

Rücksubstitution: $x^2 = u$

$x_1 = \sqrt{2}$ $\quad x^2 = -5$

$x_2 = -\sqrt{2}$ $\quad$ keine Lösung

$L = \{\pm 2\}$

d) $x^4 + 8x^2 + 7 = 0$

Substitution: $x^2 = u$

$u^2 + 8u + 7 = 0$

$u_{1,2} = \frac{-8 \pm \sqrt{64-28}}{2}$

$u_1 = -7;\ u_2 = -1$

Rücksubstitution: $x^2 = u$

$x^2 = -7$ $\quad x^2 = -1$

keine Lösung $\quad$ keine Lösung

$L = \{\ \}$

11 a) $x^2 = u;\quad u^2 - 3u - 4 = 0;\quad u_1 = \frac{3+5}{2} = 4;\quad u_2 = \frac{3-5}{2} = -1$

$x^2 = 4;\quad x_1 = 2;\quad x_2 = -2$

$x^2 = -1;$ keine weiteren Lösungen

$L = \{-2; 2\}$

b) $x^4 - 9x^2 + 14 = 0;\quad x^2 = u;\quad u^2 - 9u + 14 = 0;$

$u_1 = \frac{9+5}{2} = 7;\quad u_2 = \frac{9-5}{2} = 2;$

$x^2 = 7;\quad x_1 = \sqrt{7};\quad x_2 = -\sqrt{7}$

$x^2 = 2;\quad x_3 = \sqrt{2};\quad x_4 = -\sqrt{2}$

$L = \{-\sqrt{7}; -\sqrt{2}; \sqrt{2}; \sqrt{7}\}$

c) $9x^5 + 11x^3 - 48x = 0;\quad x(9x^4 + 11x^2 - 48) = 0$

$x_1 = 0;\quad x^2 = u;\quad 9u^2 + 11u - 48 = 0$

$u_1 = \frac{-11+43}{18} = \frac{16}{9};\quad u_2 = \frac{-11-43}{18} = -3;$

$x^2 = \frac{16}{9};\quad x_2 = \frac{4}{3};\quad x_3 = -\frac{4}{3}$

$x^2 = -3;$ keine weiteren Lösungen

$L = \left\{0; \frac{4}{3}; -\frac{4}{3}\right\}$

d) $x^8 - 17x^4 + 16 = 0;\quad x^4 = u;\quad u^2 - 17u + 16 = 0$

$u_1 = \frac{17+15}{2} = 16;\quad u_2 = \frac{17-15}{2} = 1$

$x^4 = 16;\quad x_1 = 2;\quad x_2 = -2$

$x^4 = 1;\quad x_3 = 1;\quad x_4 = -1$

$L = \{-2; -1; 1; 2\}$

12 a) $4x^4 - 8x^2 - 5 = 0$

Substitution: $x^2 = u$

$4u^2 - 8u - 5 = 0$

$x_1 = \sqrt{\frac{10}{4}} = \frac{\sqrt{10}}{2}$ $\quad x^2 = -\frac{1}{2}$

$x_2 = -\sqrt{\frac{10}{4}} = -\frac{\sqrt{10}}{2}$ $\quad$ keine Lösung

b) $2x^4 + 3x^2 - 9 = 0$

Substitution: $x^2 = u$

$2u^2 + 3u - 9 = 0$

$x_1 = \sqrt{\frac{6}{4}} = \frac{\sqrt{6}}{2}$ $\quad x^2 = -3$

$x_2 = -\sqrt{\frac{6}{4}} = -\frac{\sqrt{6}}{2}$ $\quad$ keine Lösung

c) $x^4 - 20x^2 + 64 = 0$
Substitution: $x^2 = u$
$u^2 - 20u + 64 = 0$
$x_1 = \sqrt{16} = 4$ $x_3 = \sqrt{4} = 2$
$x_2 = -\sqrt{16} = -4$ $x_4 = -\sqrt{4} = -2$

d) $-x^4 - 5x^2 + 3 = 0$
Substitution: $x^2 = u$
$-u^2 - 5u + 3 = 0$
$x_1 = 5 + \sqrt{\frac{27}{2}}$ $x^2 = -3$
$x_2 = 5 - \sqrt{\frac{27}{2}}$ keine Lösung

e) $x^4 - 13x^2 + 36 = 0$
Substitution: $x^2 = u$
$u^2 - 13u + 36 = 0$
$x_1 = \sqrt{9} = 3$ $x_3 = \sqrt{4} = 2$
$x_2 = -\sqrt{9} = -3$ $x_4 = -\sqrt{4} = -2$

f) $2x^4 + 3x^2 - 20 = 0$
Substitution: $x^2 = u$
$2u^2 + 3u - 20 = 0$
$x_1 = \sqrt{\frac{5}{2}}$ $x^2 = -4$
$x_2 = -\sqrt{\frac{5}{2}}$ keine Lösung

13 a) $x^2(x - 8) = 0$; $x_{1,2} = 0$; $x_3 = 8$

b) $x(2x^2 + 7x + 3) = 0$; $x_1 = 0$; $x_2 = \frac{-7+5}{4} = -\frac{1}{2}$; $x_3 = \frac{-7-5}{4} = -3$

c) $x^2(4x^2 - 21x - 18) = 0$; $x_{1,2} = 0$; $x_3 = \frac{21+27}{8} = 6$; $x_4 = \frac{21-27}{8} = -\frac{3}{4}$

d) $2x^5 - 5x^4 - 25x^3 = 0$; $x^3(2x^2 - 5x - 25) = 0$; $x_{1,2,3} = 0$; $x_4 = \frac{5+15}{4} = 5$; $x_4 = \frac{5-15}{4} = -\frac{5}{2}$

14 a) $x(x - 4)(x + 9) = 0$; $x_1 = 0$; $x_2 = 4$; $x_3 = -9$

b) $2x^2 - 3x - 9 = 0$; $x_1 = \frac{3+9}{4} = 3$; $x_2 = \frac{3-9}{4} = -\frac{3}{2}$

c) $x^4 - 13x^2 - 48 = 0$; $x^2 = u$; $u^2 - 13u - 48 = 0$
$u_1 = \frac{13+19}{2} = 16$; $u_2 = \frac{13-19}{2} = -\frac{6}{2} = -3$
$x^2 = 16$; $x_1 = 4$; $x_2 = -4$
$x^2 = -\frac{6}{2} = -3$;   keine weiteren Lösungen

d) $4x^4 - 29x^3 + 7x^2 = 0$; $x^2(4x^2 - 29x + 7) = 0$
$x_{1,2} = 0$; $4x^2 - 29x + 7 = 0$; $x_3 = \frac{29+27}{8} = 7$; $x_4 = \frac{29-27}{8} = \frac{1}{4}$

15 $x^5 - 3x^3 - 4x = 0$ | x ausklammern
$x(x^4 - 3x^2 - 4) = 0$
$x = 0$ oder $x^4 - 3x^2 - 4 = 0$ | Substitution $x^2 = u$
$u^2 - 3u - 4 = 0$
$u_{1,2} = \frac{3 \pm \sqrt{9+16}}{2}$
$u_{1,2} = \frac{3 \pm 5}{2}$
$u_1 = 4$ Rücksubstitution: $x^2 = 4$, also $x_{2,3} = \pm 2$
$u_2 = -1$ Rücksubstitution: $x^2 = -1$ keine Lösung
$L = \{0; -2; 2\}$

16 Lösen Sie die Gleichung $-ax^4 + 4ax^2 = 0$.

$-ax^4 + 4ax^2 = 0$

$x^2(-ax^2 + 4a) = 0$

$x^2 = 0$ und $-ax^2 + 4a = 0$

$x_1 = 0$ $\quad ax^2 = 4a \quad | : a$ (geht, da $a \neq 0$)

$x^2 = 4$

$x_{2,3} = \pm 2$

Damit sind die Nullstellen alle unabhängig von a.

17 Lösen Sie die Gleichung $ax - 2x^2 = 0$.

$ax - 2x^2 = 0 \quad |$ x ausklammern

$x(a - 2x) = 0$

$x_1 = 0$ oder $a - 2x = 0$, also $x_2 = \frac{a}{2}$

Nullstellen von f sind also $x_1 = 0$ und $x_2 = \frac{a}{2}$.

18 a) $-2x^2 + 8x - a = 0$

$x_{1,2} = \frac{-8 \pm \sqrt{64 - 8a}}{-4}$

$64 - 8a = 0$

$8a = 64$, also $a = 8$

Für $a = 8$ hat die Gleichung genau eine Lösung $x_0 = 2$, für $a < 8$ hat die Gleichung zwei Lösungen,

$x_{1,2} = \frac{-8 \pm \sqrt{64 - 8a}}{-4}$, für $a > 8$ hat die Gleichung keine Lösung.

b) $x^2 - \frac{3}{2}ax - a^2 = 0$

$x_{1,2} = \frac{\frac{3}{2}a \pm \sqrt{\frac{9}{4}a^2 + 4a^2}}{2}$

$\frac{9}{4}a^2 + 4a^2 = 0$

$\frac{25}{4}a^2 = 0$, also $a = 0$

Für $a = 0$ hat die Gleichung genau eine Lösung, für $a \neq 0$ hat die Gleichung keine Lösung.

19 a) $9x^2 + 3ax + 1 = 0$

Diskriminante = 0, also $9a^2 - 36 = 0$

$9a^2 = 36 \quad | : 9$

$a^2 = 4$

$a = \pm 2$

Für $a = \pm 2$ hat die Gleichung genau eine Lösung, für $-2 < a < 2$ hat die Gleichung zwei Lösungen, für $a < -2$ und $a > 2$ hat die Gleichung keine Lösung.

b) $ax^2 - a^2x + 2a^2 = 0$ | a ausklammern

$a(x^2 - ax + 2a) = 0$

$a = 0$ und $x^2 - ax + 2a = 0$

$x_{1,2} = \frac{a \pm \sqrt{a^2 - 8a}}{2}$

$a^2 - 8a = 0$, also $a(a - 8) = 0$

$a = 0$ oder $a = 8$

Für $a = 0$ oder $a = 8$ hat die Gleichung genau eine Lösung,
für $0 < a < 8$ hat die Gleichung keine Lösungen,
für $a > 8$ oder $a < 0$ hat die Gleichung zwei Lösungen.

20 a) $4 = 8x$, also $x = \frac{1}{2}$

$L = \left\{\frac{1}{2}\right\}$

b) $8 = 3(x + 1)$, also $x = \frac{5}{3}$

$L = \left\{\frac{5}{3}\right\}$

c) $2 = 2x + 1$, also $x = \frac{1}{2}$

$L = \frac{1}{2}$

d) $1 = 6x - 2$, also $x = \frac{1}{2}$

$L = \left\{\frac{1}{2}\right\}$

21 a) $D = R \setminus \{0\}$

$\frac{3}{x} + \frac{4x + 1}{x} = 5;\quad 3 + 4x + 1 = 5x;\quad x = 4$

$L = \{4\}$

b) $D = R \setminus \{0\}$

$\frac{3 + x}{x^2} + \frac{2x + 3}{x^2} = 3;\quad 3 + x + 2x + 3 = 3x^2;\quad 3x^2 - 3x - 6 = 0$

$x^2 - x - 2 = 0;\quad x_1 = \frac{1 + 3}{2} = 2;\quad x_2 = \frac{1 - 3}{2} = -1$

$L = \{-1; 2\}$

c) $D = R \setminus \{0\}$

$\frac{x^2 - x}{x} = 2;\quad x^2 - x = 2x;\quad x^2 - 3x = 0;\quad x(x - 3) = 0;\quad x_1 = 0;\quad x_2 = 3$

$L = \{3\}$

d) $D = R \setminus \{-1\}$

$\frac{2}{x + 1} - \frac{x}{x + 1} = 3;\quad 2 - x = 3(x + 1);\quad x_1 = -\frac{1}{4}$

$L = \left\{-\frac{1}{4}\right\}$

e) $D = R \setminus \{\pm 2\}$

$\frac{x^2 + 3}{x^2 - 4} + \frac{2x + 3}{x - 2} = 3;\quad x^2 + 3 + (2x + 3) \cdot (x + 2) = 3(x^2 - 4)$

$7x + 9 = -12;\quad 7x + 21 = 0;\quad x_1 = -3$

$L = \{-3\}$

f) $D = \mathbb{R} \setminus \left\{\frac{3}{2}\right\}$

$\frac{2x^2 - 7x + 6}{2x - 3} = 0$; $2x^2 - 7x + 6 = 0$; $x_1 = \frac{7+1}{4} = 2$; $x_2 = \frac{7-1}{4} = \frac{3}{2}$

$L = \{2\}$

22 a) $D = \mathbb{R} \setminus \{0;1\}$

$\frac{x^2 + 3x + 2}{x(x-1)} = \frac{2}{x} + \frac{4}{x(x-1)}$; $x^2 + 3x + 2 = 2(x-1) + 4$; $x(x+1) = 0$; $x_1 = 0$; $x_2 = -1$

$L = \{-1\}$

b) $D = \mathbb{R} \setminus \{-1\}$

$\frac{2}{x+1} - \frac{x}{x+1} = 2x$; $2 - x = 2x(x+1)$; $2x^2 + 3x - 2 = 0$; $x_1 = \frac{-3+5}{4} = \frac{1}{2}$; $x_2 = \frac{-3-5}{4} = -2$

$L = \left\{\frac{1}{2}; -2\right\}$

c) $x^2 - 4x + 3 = 0$; $x_1 = \frac{4+2}{2} = 3$; $x_2 = \frac{4-2}{2} = 1$

$D = \mathbb{R} \setminus \{1; 3\}$

$\frac{3x-1}{x^2 - 4x + 3} = \frac{2x-2}{x-3}$; $\frac{3x-1}{(x-3)(x-1)} = \frac{2x-2}{x-3}$; $3x - 1 = (2x-2) \cdot (x-1)$;

$2x^2 - 7x + 3 = 0$; $x_1 = \frac{7+5}{4} = 3$; $x_2 = \frac{7-5}{4} = \frac{1}{2}$

$L = \left\{\frac{1}{2}\right\}$

23 a) $D = \mathbb{R} \setminus \{1\}$

$\frac{2}{x-1} = \frac{3x-1}{x-1}$; $2 = 3x - 1$; $3x = 3$; $x = 1$

Da 1 nicht zur Definitionsmenge gehört, hat die Gleichung keine Lösung, also $L = \{\ \}$.

b) $D = \mathbb{R} \setminus \{-2;2\}$

$\frac{1}{x+2} + \frac{1}{x-2} = \frac{4}{x^2 - 4}$; $x - 2 + x + 2 = 4$; $2x = 4$; $x = 2$

Da 2 nicht zur Definitionsmenge gehört, hat die Gleichung keine Lösung, also $L = \{\ \}$.

c) $D = \mathbb{R} \setminus \{0;-1;-2\}$

$\frac{1}{(x+1)(x+2)} = \frac{1}{x(x+2)} - \frac{1}{x(x+1)}$; $x = x + 1 - (x+2)$; $x = -1$

Da -1 nicht zur Definitionsmenge gehört, hat die Gleichung keine Lösung, also $L = \{\ \}$.

24 Auflösung nach g: $b \cdot f + g \cdot f = g \cdot b$; $g \cdot b - g \cdot f = b \cdot f$; $g = \frac{b \cdot f}{b - f}$

Auflösung nach b: $g \cdot b - b \cdot f = g \cdot f$; $b = \frac{g \cdot f}{g - f}$

Auflösung nach f: $f = \frac{g \cdot b}{b + g}$

25 a) $h = \frac{3V}{\pi r^2}$; $r = \sqrt{\frac{3V}{\pi h}}$

b) $s = \frac{O - \pi r^2}{\pi r}$; $\pi r^2 + \pi r s - O = 0$; $r_{1,2} = \frac{-\pi s \pm \sqrt{\pi^2 s^2 + 4\pi \cdot O}}{2\pi}$

Die negative Lösung für r entfällt im konkreten Fall.

26 $\frac{6}{x^4} + \frac{1}{x^2} - 1 = 0 \qquad | \cdot x^4$

$6 + x^2 - x^4 = 0 \qquad |$ umstellen und Substitution $x^2 = u$

$-u^2 + u + 6 = 0 \qquad |$ Lösungsformel

$u_{1,2} = \frac{-1 \pm \sqrt{1+24}}{-2} = \frac{-1 \pm 5}{-2}$

$u_1 = -2$; Rücksubstitution $u = x^2 = -2$ keine Lösung

$u_2 = 3$; Rücksubstitution $u = x^2 = 3$, also $x_{1,2} = \pm\sqrt{3}$

$L = \{-\sqrt{3}; \sqrt{3}\}$

27 $\frac{36}{x^4} - \frac{13}{x^2} + 1 = 0 \qquad | \cdot x^4$

$36 - 13x^2 + x^4 = 0 \qquad |$ umstellen und Substitution $x^2 = u$

$u^2 - 13u + 36 = 0 \qquad |$ Lösungsformel

$u_{1,2} = \frac{13 \pm \sqrt{169-144}}{2} = \frac{13 \pm 5}{2}$

$u_1 = 9$; Rücksubstitution $u_1 = x^2 = 9$, also $x_{1,2} = \pm 3$

$u_2 = 4$; Rücksubstitution $u_2 = x^2 = 4$, also $x_{3,4} = \pm 2$

$L = \{-3; -2; 2; 3\}$

28 a) $\frac{1}{ax} = x - 1 \qquad | \cdot ax$

$1 = ax^2 - ax$

$ax^2 - ax - 1 = 0$

$x_{1,2} = \frac{a \pm \sqrt{a^2+4a}}{2a}$

$a^2 + 4a = 0$

$a(a+4) = 0$

$a = 0$ oder $a = -4$, aber $a \neq 0$

Werte für $a < -4$ und $a > 0$ in $a(a+4) = 0$ einsetzen.

Für $a = -4$ hat die Gleichung genau eine Lösung, $L = \left\{\frac{1}{2}\right\}$,

für $-4 < a < 0$ hat die Gleichung keine Lösungen,

für $a < -4$ und $a > 0$ hat die Gleichung zwei Lösungen, $x_{1,2} = \frac{a \pm \sqrt{a^2+4a}}{2a}$.

b) $\frac{2-a}{x^2} - 1 = 0 \qquad | \cdot x^2 - a$

$-x^2 + a + 2 = 0$

$x^2 = a + 2$

$x_{1,2} = \pm\sqrt{a+2}$

Werte für $-2 < a$ und $a > -2$ in $x_{1,2} = \pm\sqrt{a+2}$ einsetzen.

Für $a = -2$ hat die Gleichung genau eine Lösung, $L = \{0\}$,

für $a < -2$ hat die Gleichung keine Lösung, für $a > -2$ hat die Gleichung zwei Lösungen,

$L = \{-\sqrt{a+2}; +\sqrt{a+2}\}$.

29 a) $x^4 = 16$, also $x = \pm 2$

b) $x^4 = 81$, also $x = \pm 3$

c) $x^4 = -81$, also keine Lösung

d) 5

e) $x^3 = -8$, also $x = -2$

f) ± 3

g) $x = \pm 2$

h) -3

30 a) $(1-2x)=5$, also -2
b) $(x^2-6)=-2$, also ± 2
c) $(x-1)=3$, also 4

31 $(x-1)^n=-8$
Die Gleichung hat keine Lösung für gerade n.
Für ungerade n hat die Gleichung eine Lösung, nämlich $-\sqrt[n]{8}+1$.

32 P(10 mal kein Gewinn) $= p^{10} = 0{,}05$
$p = 0{,}05^{\frac{1}{10}} \approx 0{,}741$
P(beim 11. Mal ein Gewinn) $= p^{10}\cdot(1-p) = 0{,}05\cdot 0{,}259 \approx 0{,}013$, also etwa 1 %.
Mit einer Wahrscheinlichkeit von etwa 1 % erhält man beim 11. Drehen ein Gewinnfeld.

33 $d=\sqrt{(x_2-x_1)^2+(y_2-y_1)^2}=\sqrt{8}$
$\sqrt{x^2+(x^2-2)^2}=\sqrt{8}$ | quadrieren
$x^2+(x^4-4x^2+4)=8$
$x^4-3x^2-4=0$ | Substitution $x^2=u$
$u^2-3u-4=0$ | Lösungsformel
$u_{1,2}=\frac{3\pm\sqrt{9+16}}{2}=\frac{3\pm 5}{2}$
$u_1=4$; Rücksubstitution $u=x^2=4$, also $x_{1,2}=\pm 2$
$u_2=-1$; Rücksubstitution $u=x^2=-1$, also keine Lösung.
Also haben die Punkte $P((-2)\,|\,f(-2))$, also $P(-2\,|\,2)$, und $Q(2\,|\,f(2))$, also $Q(2\,|\,2)$, den Abstand $\sqrt{8}$ vom Ursprung.

34 a) $2x=9$, also $x=4{,}5$
b) $1-2x=1$, also $x=0$
c) $\sqrt{5-4x}=-2$, also keine Lösung, da Wurzel nie negativ sein kann.
d) $3x+10=(x+2)^2$
$3x+10=x^2+4x+4$
$x^2+x-6=0$
$x_{1,2}=\frac{-1\pm\sqrt{1+24}}{2}=\frac{-1\pm 5}{2}$
$x_1=2$ und $x_2=-3$
Einsetzen liefert keine Lösung für $x=-3$, also ist 2 einzige Lösung der Gleichung.

35 a) $9\cdot(5-4x)=81x^2$
$81x^2+36x-45=0$
$x_{1,2}=\frac{-36\pm 126}{162}$
$x_1=\frac{5}{9}$
$x_2=-1$
Einsetzen liefert keine Lösung für $x=\frac{5}{9}$,
also ist -1 einzige Lösung der Gleichung.
b) $2x-2=6$
$x=4$
$L=\{4\}$

c) $(x+3)^2 = x+5$
$x^2+5x+4=0$
$x_{1,2} = \frac{-5 \pm \sqrt{25-16}}{2}$
$x_1 = -4$
$x_2 = -1$
$L = \{-4; -1\}$
Einsetzen liefert keine Lösung für $x=-4$, also ist -1 einzige Lösung der Gleichung.

d) $9 = 12 - 3x$
$x = 1$
$L = \{1\}$

36 $Q(2+6t \mid 3+2t \mid -1+3t)$; $\left|\overrightarrow{PQ}\right| = 7|t-2|$; aus $7|t-2| = 14$ folgt $t_1 = 4$; $t_2 = 0$;
$Q_1(26 \mid 11 \mid 11)$; $Q_2(2 \mid 3 \mid -1)$

37 $Q_1(9 \mid 4 \mid 5)$; $Q_2(5 \mid 8 \mid 5)$

38 g: $\vec{x} = \begin{pmatrix} 2 \\ 3 \\ 2 \end{pmatrix} + r \cdot \begin{pmatrix} 2 \\ -1 \\ 3 \end{pmatrix}$; $r \in R$; $Q(2+2r \mid 3-r \mid 2+3r)$;
$\left|\overrightarrow{FQ}\right| = \sqrt{14} \cdot |r|$; $\sqrt{14} \cdot |r| = 7$; $r_1 = \frac{1}{2}\sqrt{14}$; $r_2 = -\frac{1}{2}\sqrt{14}$;
$Q_1\left(2+\sqrt{14} \mid 3-\frac{1}{2}\sqrt{14} \mid 2+\frac{3}{2}\sqrt{14}\right)$; $Q_2\left(2-\sqrt{14} \mid 3+\frac{1}{2}\sqrt{14} \mid 2-\frac{3}{2}\sqrt{14}\right)$

39 $Q(3+2t \mid 1+t \mid -4+t)$; HNF von E: $\frac{2x_1 + x_2 + 2x_3 - 4}{3} = 0$
$t_1 = \frac{17}{7}$; $t_2 = -1$; $Q_1\left(\frac{55}{7} \mid \frac{24}{7} \mid -\frac{11}{7}\right)$; $Q_2(1 \mid 0 \mid -5)$

40 a) $x \cdot \ln(5) = \ln(14)$; $x = \frac{\ln(14)}{\ln(5)} \approx 1{,}64$

b) $1{,}08^x = 5$; $x \cdot \ln(1{,}08) = \ln(5)$; $x = \frac{\ln(5)}{\ln(1{,}08)} \approx 20{,}91$

c) $1{,}07^{2x-1} = 4$; $(2x-1) \cdot \ln(1{,}07) = \ln(4)$; $2x-1 = \frac{\ln(4)}{\ln(1{,}07)}$; $x = \frac{1}{2}\left[1 + \frac{\ln(4)}{\ln(1{,}07)}\right] \approx 10{,}74$

41 a) $3x \cdot \ln(e) = \ln(7{,}5)$; $3x = \ln(7{,}5)$; $x = \frac{1}{3} \cdot \ln(7{,}5) \approx 0{,}67$

b) $e^{3x-2} = 1{,}875$; $(3x-2) \cdot \ln(e) = \ln(1{,}875)$; $3x-2 = \ln(1{,}875)$; $x = \frac{1}{3}[2 + \ln(1{,}875)] \approx 0{,}88$

c) $3 \cdot e^{5x-1} = 2 \cdot e^{3x}$; $\frac{e^{5x-1}}{e^{3x}} = \frac{2}{3}$; $e^{2x-1} = \frac{2}{3}$; $(2x-1) \cdot \ln(e) = \ln\left(\frac{2}{3}\right)$; $2x-1 = \ln\left(\frac{2}{3}\right)$;
$x = \frac{1}{2}\left[1 + \ln\left(\frac{2}{3}\right)\right] \approx 0{,}297$

42 a) $e^x\left(\frac{2}{7}e^x - 3\right) = 0$; $\frac{2}{7}e^x = 3$; $e^x = \frac{21}{2}$; $x = \ln\left(\frac{21}{2}\right) \approx 2{,}35$

b) $e^x(4e^{2x} - 3) = 0$; $e^{2x} = \frac{3}{4}$; $2x = \ln\left(\frac{3}{4}\right)$; $x = \frac{1}{2} \cdot \ln\left(\frac{3}{4}\right) \approx -0{,}14$

c) $e^{3x}(6-3x) = 0$; $6 - 3x = 0$; $x = 2$

43 a) $e^x = u$; $u^2 - 12u + 27 = 0$; $u_1 = \frac{12+6}{2} = 9$; $u_2 = \frac{12-6}{2} = 3$

$e^x = 9$; $x_1 = \ln(9) \approx 2{,}197$; $e^x = 3$; $x_2 = \ln(3) \approx 1{,}099$

b) $8e^{2x} + 2e^x - 3 = 0$; $e^x = u$; $8u^2 + 2u - 3 = 0$; $u_1 = \frac{-2+10}{16} = \frac{1}{2}$; $u_2 = \frac{-2-10}{16} = -\frac{3}{4}$;

$e^x = \frac{1}{2}$; $x_1 = \ln\left(\frac{1}{2}\right) \approx -0{,}69$; $e^x = -\frac{3}{4}$; keine weiteren Lösungen

c) $e^{2x} - 3e^{x+1} + 2e^2 = 0$; $e^{2x} - 3 \cdot e^x \cdot e + 2e^2 = 0$; $e^x = u$; $u^2 - 3e \cdot u + 2e^2 = 0$;

$u_1 = \frac{3e+e}{2} = 2e$; $u_2 = \frac{3e-e}{2} = e$; $e^x = 2e$; $x_1 = \ln(2e) = \ln(2) + \ln(e) = 1 + \ln(2) \approx 1{,}69$

$e^x = e$; $x_2 = \ln(e) = 1$

44

1. Analysieren Sie, um was für eine Gleichung es sich handelt und welches Verfahren Sie anwenden können.

   $(4x^2 - 16) \cdot (e^{2x} - 1) = 0$ ist ein Produkt, also den Satz vom Nullprodukt anwenden:
   $4x^2 - 16 = 0$ oder $e^{2x} - 1 = 0$

2. Lösen Sie die Gleichungen mithilfe bekannter Verfahren.

   $4x^2 = 16 \quad | :4$ $\qquad$ $e^{2x} = 1 \quad | \ln(\,)$
   $x^2 = 4 \quad | \pm\sqrt{}$ $\qquad$ $2x = \ln(1) = 0$
   $x_1 = 2$; $x_2 = -2$ $\qquad$ $x_3 = 0$

3. Notieren Sie die Lösungsmenge.

   $L = \{-2; 0; 2\}$

45 $e^{2x} - 4 = 0$ oder $(x^3 - 2x) = 0$

$e^{2x} = 4$, also $e^x = \pm 2$
$x_1 = \ln(2)$

$x^3 - 2x = 0$
$x(x^2 - 2) = 0$
$x_2 = 0$ oder $x^2 = 2$, also $x_{3,4} = \pm\sqrt{2}$

$L = \{-\sqrt{2}; 0; \ln(2); \sqrt{2}\}$

46 a) $e^x = e^{x+1} - 1$; $e^x(1-e) = -1$; $e^x = \frac{-1}{1-e} = \frac{1}{e-1}$;

$x_1 = \ln\left(\frac{1}{e-1}\right) = \ln(1) - \ln(e-1) = -\ln(e-1) \approx -0{,}54$

b) $e^{2x+4} = 5e^x$; $e^{2x} \cdot e^4 - 5e^x = 0$; $e^x(e^x \cdot e^4 - 5) = 0$; $e^x = \frac{5}{e^4}$;

$x_1 = \ln\left(\frac{5}{e^4}\right) = \ln(5) - \ln(e^4) = \ln(5) - 4 \cdot \ln(e) = \ln(5) - 4 \approx -2{,}39$

47 a) $x \cdot e^{3-x} = 0$; $x_1 = 0$

b) $(x^2 - 4) \cdot e^{-x^2} = 0$; $x^2 - 4 = 0$; $x_1 = +2$; $x_2 = -2$

c) $1 - \frac{2e^x}{e^x + 1} = 0$; $\frac{2e^x}{e^x + 1} = 1$; $2e^x = e^x + 1$; $e^x = 1$; $x_1 = 0$

d) $e^{2x} - 2e^x - 3 = 0$; $e^x = z$; $z^2 - 2z - 3 = 0$;

$z_1 = \frac{2+4}{2} = 3$; $z_2 = \frac{2-4}{2} = -1$

$e^x = 3$; $x_1 = \ln(3)$

$e^x = -1$; keine weiteren Nullstellen

48

1. Notieren Sie die Trefferwahrscheinlichkeit und die geforderte Wahrscheinlichkeit m für das gesuchte Ereignis.

   X ist binomialverteilt mit
   $p = \frac{1}{4} = 0{,}25;\ 1 - p = 0{,}75$
   $m = 90\,\% = 0{,}9;\ 1 - m = 0{,}1$

2. Berechnen Sie $1 - p$ und $1 - m$ und setzen Sie die gegeben Größen in die Formel $(1 - p)^n \leqq 1 - m$.

   $0{,}75^n \leqq 0{,}1 \quad |\log(\ )$
   $\log(0{,}75^n) \leqq \log(0{,}1)$

3. Lösen Sie die Exponentialgleichung durch Logarithmieren.
   Lösung: $n \geqq \frac{\log(1-m)}{\log(1-p)}$

   $n \cdot \log(0{,}75) \leqq \log(0{,}1) \quad |:\log(0{,}75)$
   $n \geqq \frac{\log(0{,}1)}{\log(0{,}75)} \approx 8{,}004$

   Achtung: Bei Division der Ungleichung dreht sich das Zeichen um, da der Logarithmus in dem Fall negativ ist.

4. Formulieren Sie einen entsprechenden Antwortsatz.

   Man muss mindestens 9 Überraschungstüten kaufen, wenn man mit einer Wahrscheinlichkeit von mindestens 90 % mindestens eine Sammelfigur erhalten möchte.

49 X ist binomialverteilt mit $p = \frac{1}{6}$.

$1 - p = \frac{5}{6};\ 1 - m = 0{,}25$

$\left(\frac{5}{6}\right)^n \leqq 0{,}25 \quad |\log(\ )$

$n \cdot \log\left(\frac{5}{6}\right) \leqq \log(0{,}25)$

$n \geqq \frac{\log(0{,}25)}{\log\left(\frac{5}{6}\right)} \approx 7{,}6$

Man muss einen idealen Würfel mindestens 8-mal werfen, um mit einer Wahrscheinlichkeit von mehr als 75 % mindestens einmal eine Sechs zu erhalten.

50 a) $\frac{1}{2}x = \frac{\pi}{3};\quad x_1 = \frac{2}{3}\pi$

$\frac{1}{2}x = \pi - \frac{\pi}{3} = \frac{2}{3}\pi;\quad x_2 = \frac{4}{3}\pi$

Lösungen: $\frac{2}{3}\pi;\ \frac{4}{3}\pi$

b) $\frac{1}{4}x = \frac{\pi}{6};\quad x_1 = \frac{2}{3}\pi$

$\frac{1}{4}x = \pi - \frac{\pi}{6} = \frac{5}{6}\pi;\quad x_2 = \frac{10}{3}\pi$

Lösung: $\frac{2}{3}\pi$

c) $\sin(2x - 1) = -\frac{1}{2};\quad 2x - 1 = -\frac{\pi}{6};\quad x_1 = \frac{1}{2} - \frac{1}{12}\pi$

$2x - 1 = \pi + \frac{\pi}{6} = \frac{7}{6}\pi;\quad x_2 = \frac{1}{2} + \frac{7}{12}\pi$

$2x - 1 = 2\pi - \frac{\pi}{6} = \frac{11}{6}\pi;\quad x_3 = \frac{1}{2} + \frac{11}{12}\pi$

$2x - 1 = 3\pi + \frac{\pi}{6} = \frac{19}{6}\pi;\quad x_4 = \frac{1}{2} + \frac{19}{12}\pi$

Lösungen: $\frac{1}{2} - \frac{1}{12}\pi;\ \frac{1}{2} + \frac{7}{12}\pi;\ \frac{1}{2} + \frac{11}{12}\pi;\ \frac{1}{2} + \frac{19}{12}\pi$

d) $\frac{\pi}{2}x - 1 = -\frac{\pi}{4}$; $\frac{\pi}{2}x = 1 - \frac{\pi}{4}$; $x_1 = \frac{2}{\pi} - \frac{1}{2}$

$\frac{\pi}{2}x - 1 = \pi + \frac{\pi}{4} = \frac{5}{4}\pi$; $\frac{\pi}{2}x = 1 + \frac{5}{4}\pi$; $x_2 = \frac{2}{\pi} + \frac{5}{2}$

$\frac{\pi}{2}x - 1 = 2\pi - \frac{\pi}{4} = \frac{7}{4}\pi$; $\frac{\pi}{2}x = 1 + \frac{7}{4}\pi$; $x_3 = \frac{2}{\pi} + \frac{7}{2}$

Lösungen: $\frac{2}{\pi} - \frac{1}{2}$; $\frac{2}{\pi} + \frac{5}{2}$; $\frac{2}{\pi} + \frac{7}{2}$

e) $\frac{1}{3}x = \frac{\pi}{3}$; $x_1 = \pi$

Lösung: π

f) $2x + \pi = 2\pi - \frac{\pi}{6}$; $2x = \pi - \frac{\pi}{6} = \frac{5}{6}\pi$; $x_1 = \frac{5}{12}\pi$

$2x + \pi = 2\pi + \frac{\pi}{6}$; $2x = \pi + \frac{\pi}{6} = \frac{7}{6}\pi$; $x_2 = \frac{7}{12}\pi$

$2x + \pi = 4\pi - \frac{\pi}{6}$; $2x = 3\pi - \frac{\pi}{6} = \frac{17}{6}\pi$; $x_3 = \frac{17}{12}\pi$

$2x + \pi = 4\pi + \frac{\pi}{6}$; $2x = 3\pi + \frac{\pi}{6} = \frac{19}{6}\pi$; $x_4 = \frac{19}{12}\pi$

Lösungen: $\frac{5}{12}\pi$; $\frac{7}{12}\pi$; $\frac{17}{12}\pi$; $\frac{19}{12}\pi$

51 a) $\sin(x) = z$; $z^2 + z - 2 = 0$; $z_1 = \frac{-1+3}{2} = 1$; $z_2 = \frac{-1-3}{2} = -2$

$\sin(x) = 1$; $x_1 = \frac{\pi}{2}$

$\sin(x) = -2$; keine weiteren Lösungen

b) $\sin(x) = z$; $2z^2 - 3z + 1 = 0$; $z_1 = \frac{3+1}{4} = 1$; $z_2 = \frac{3-1}{2} = \frac{1}{2}$

$\sin(x) = 1$; $x_1 = \frac{\pi}{2}$

$\sin(x) = \frac{1}{2}$; $x_2 = \frac{\pi}{6}$; $x_3 = \pi - \frac{\pi}{6} = \frac{5}{6}\pi$

c) $\cos(x) = z$; $2z^2 + 3z + 1 = 0$; $z_1 = \frac{-3+1}{4} = -\frac{1}{2}$; $z_2 = \frac{-3-1}{4} = -1$

$\cos(x) = -\frac{1}{2}$; $x_1 = -\pi + \frac{\pi}{3} = -\frac{2}{3}\pi$; $x_2 = -\pi - \frac{\pi}{3} = -\frac{4}{3}\pi$

$\cos(x) = -1$; $x_3 = -\pi$

52 a) $\sin^2(x) = 1 - \cos^2(x)$; $2(1 - \cos^2(x)) = 3 \cdot \cos(x)$

$2 \cdot \cos^2(x) + 3 \cdot \cos(x) - 2 = 0$; $\cos(x) = u$; $2u^2 + 3u - 2 = 0$;

$u_1 = \frac{-3+5}{4} = \frac{1}{2}$; $u_2 = \frac{-3-5}{4} = -2$

$\cos(x) = \frac{1}{2}$; $x_1 = \frac{\pi}{3}$; $x_2 = \frac{5}{3}\pi$

$\cos(x) = -2$; keine weiteren Lösungen

b) $\cos^2(x) = 1 - \sin^2(x)$; $2 \cdot \sin^2(x) + 3(1 - \sin^2(x)) - 3 = 0$;

$2 \cdot \sin^2(x) - 3 \cdot \sin^2(x) = 0$; $-\sin^2(x) = 0$; $x_1 = 0$; $x_2 = \pi$

c) $\cos^2(x) = 1 - \sin^2(x)$; $1 - \sin^2(x) + 2 \cdot \sin(x) + 2 = 0$;

$\sin^2(x) - 2 \cdot \sin(x) - 3 = 0$; $\sin(x) = u$; $u^2 - 2u - 3 = 0$;

$u_1 = \frac{2+4}{2} = 3$; $u_2 = \frac{2-4}{2} = -1$

$\sin(x) = 3$; keine Lösung

$\sin(x) = -1$; $x_1 = \frac{3}{2}\pi$

53 a) $\cos(x) \cdot (\cos(x) + 3) = 0$
$\cos(x) = 0$ oder $\cos(x) = -3$
$x = \frac{\pi}{2}$; $x = \frac{3}{2}\pi$; $\cos(x) = -3$ hat keine Lösung, also $L = \left\{\frac{\pi}{2}; \frac{3}{2}\pi\right\}$

b) $\sin(x) \cdot (\cos(x) - 2) = 0$
$\sin(x) = 0$ oder $\cos(x) = 2$
$x = 0$ oder $x = \pi$ oder $x = 2\pi$; $\cos(x) = 2$ hat keine Lösung, also $L = \{0; \pi; 2\pi\}$

54 a) $2 \cdot \left(\cos\frac{\pi}{2} + x\right) + 1 = 0$; $\cos\left(\frac{\pi}{2} + x\right) = -\frac{1}{2}$;
$\frac{\pi}{2} + x = \pi - \frac{1}{3}\pi = \frac{2}{3}\pi$; $x_1 = \frac{2}{3}\pi - \frac{\pi}{2} = \frac{1}{6}\pi$;
$\frac{\pi}{2} + x = \pi + \frac{1}{3}\pi = \frac{4}{3}\pi$; $x_2 = \frac{4}{3}\pi - \frac{\pi}{2} = \frac{5}{6}\pi$

b) $2 \cdot \sin(2x - 3) - 1 = 0$; $\sin(2x - 3) = \frac{1}{2}$;
$2x - 3 = \frac{\pi}{6}$; $x_1 = \frac{\pi}{12} + \frac{3}{2} \approx 1{,}76$;
$2x - 3 = \frac{5}{6}\pi$; $x_2 = \frac{5}{12}\pi + \frac{3}{2} \approx 2{,}81$;
$2x - 3 = 2\pi + \frac{\pi}{6} = \frac{13}{6}\pi$; $x_3 = \frac{13}{12}\pi + \frac{3}{2} \approx 4{,}90$;
$2x - 3 = 3\pi - \frac{\pi}{6} = \frac{17}{6}\pi$; $x_4 = \frac{17}{12}\pi + \frac{3}{2} \approx 5{,}95$

c) $\sin(x) + \sin(2x) = 0$; es ist $\sin(2x) = 2 \cdot \sin(x) \cdot \cos(x)$;
$\sin(x) + 2 \cdot \sin(x) \cdot \cos(x) = 0$; $\sin(x) \cdot [1 + 2\cos(x)] = 0$;
$\sin(x) = 0$; $x_1 = 0$; $x_2 = \pi$;
$\cos(x) = -\frac{1}{2}$; $x_3 = \frac{2}{3}\pi$; $x_4 = \frac{4}{3}\pi$

d) $\sin(x) - \cos(2x) = 0$; es ist $\cos(2x) = 1 - 2 \cdot \sin^2(x)$;
$\sin(x) - 1 + 2 \cdot \sin^2(x) = 0$; $2\sin^2(x) + \sin(x) - 1 = 0$;
$\sin(x) = u$; $2u^2 + u - 1 = 0$; $u_1 = \frac{-1+3}{4} = \frac{1}{2}$; $u_2 = \frac{-1-3}{4} = -1$
$\sin(x) = \frac{1}{2}$; $x_1 = \frac{\pi}{6}$; $x_2 = \pi - \frac{\pi}{6} = \frac{5}{6}\pi$;
$\sin(x) = -1$; $x_3 = \frac{3}{2}\pi$ (doppelt!)

55 a) $2 - 3e^{-x} = 1$; $e^{-x} = \frac{1}{3}$; $-x = \ln\left(\frac{1}{3}\right) = \ln(1) - \ln(3) = -\ln(3)$; $x_1 = \ln(3)$
b) $2x - 1 = 1$; $x_1 = 1$
c) $4 - x^2 = 1$; $x^2 = 3$; $x_1 = -\sqrt{3}$; $x_2 = +\sqrt{3}$

56 a) $\ln(3x) = 1$; $3x = e$; $x_1 = \frac{1}{3}e$
b) $\ln\left(\frac{1}{3}x^2\right) = 2$; $\frac{1}{3}x^2 = e^2$; $x^2 = 3e^2$; $x_1 = -e\sqrt{3}$; $x_2 = +e\sqrt{3}$
c) $\ln(x^2) + 2 \cdot \ln(x) = 3$; $2 \cdot \ln(x) + 2 \cdot \ln(x) = 3$; $4 \cdot \ln(x) = 3$; $\ln(x) = \frac{3}{4}$; $x_1 = e^{\frac{3}{4}}$

57 a) $\ln(x)(x - 2) = 0$; $\ln(x) = 0$; $x_1 = 1$; $x - 2 = 0$; $x_2 = 2$
b) $\ln(x+1) \cdot (2x - 5) = 0$; $\ln(x+1) = 0$; $x + 1 = 1$; $x_1 = 0$; $2x - 5 = 0$; $x_2 = \frac{5}{2}$

58 a) $\ln(x) = u;\quad u^2 - u - 2 = 0;\quad u_1 = \frac{1+3}{2} = 2;\quad u_2 = \frac{1-3}{2} = -1$

$\ln(x) = 2;\quad x_1 = e^2$

$\ln(x) = -1;\quad x_2 = e^{-1}$

b) $\ln(2x) = u;\quad u^2 + u - 2 = 0;\quad u_1 = \frac{-1+3}{2} = 1;\quad u_2 = \frac{-1-3}{2} = -2;$

$\ln(2x) = 1;\quad 2x = e;\quad x_1 = \frac{1}{2}e$

$\ln(2x) = -2;\quad 2x = e^{-2};\quad x_2 = \frac{1}{2}e^{-2}$

c) $\ln(x^2) = u;\quad u^2 - 6u + 8 = 0;\quad u_1 = \frac{6+2}{2} = 4;\quad u_2 = \frac{6-2}{2} = 2$

$\ln(x^2) = 4;\quad x^2 = e^4;\quad x_1 = -e^2;\quad x_2 = +e^2$

$\ln(x^2) = 2;\quad x^2 = e^2;\quad x_3 = -e;\quad x_4 = +e$

59 a) $x^2 + t = 1;\quad x^2 = 1 - t;\quad x_{1,2} = \pm\sqrt{1-t};$

Lösungen für $1 - t \geqq 0$, d.h. für $t \leqq 1$.

b) $\frac{1+x}{t-x} = 1;\quad 1 + x = t - x;\quad 2x = t - 1;\quad x_1 = \frac{1}{2}t - \frac{1}{2}$

Lösungen für $t \in \mathbb{R}$.

60 a) $2 + \ln\left(\frac{x}{2}\right) = 0;\quad \ln\left(\frac{x}{2}\right) = -2;\quad \frac{x}{2} = e^{-2};\quad x_1 = 2 \cdot e^{-2} \approx 0{,}27$

b) $[\ln(x+1)]^2 = 0;\quad \ln(x+1) = 0;\quad x + 1 = 1;\quad x_1 = 0$ (doppelt!)

61 $\ln\left(\frac{1}{x^2+t}\right) = 0;\quad \ln(1) - \ln(x^2+t) = 0;\quad \ln(x^2+t) = 0;$

$x^2 + t = 1;\quad x^2 = 1 - t;\quad x_{1,2} = \pm\sqrt{1-t};$

keinen gemeinsamen Punkt mit der x-Achse: also $t > 1$
einen gemeinsamen Punkt mit der x-Achse: also $t = 1$
zwei gemeinsame Punkte mit der x-Achse: also $t < 1$

2 ist also einzige Lösung der Gleichung.

62 a) $4x + 3 = 2$ und $4x + 3 = -2$

$4x = -1$ $\quad 4x = -5$

$x = -\frac{1}{4}$ $\quad x = -\frac{5}{4}$

$L = \left\{-\frac{1}{4}; -\frac{5}{4}\right\}$

b) $3x + 5 = 7$ und $3x + 5 = -7$

$3x = 2$ $\quad 3x = -12$

$x = \frac{2}{3}$ $\quad x = -4$

$L = \left\{-4; \frac{2}{3}\right\}$

c) $6x - 12 = 0$

$6x = 12$

$x = 2$

$L = \{2\}$

d) keine Lösung, da ein Betrag nie negativ sein kann.

63 a) $4x - 6 = |2x+1|$

$x > -\frac{1}{2}$: und $x < -\frac{1}{2}$:

$2x + 1 = 4x - 6$

$7 = 2x$

$x = \frac{7}{2}$

$L = \left\{\frac{7}{2}\right\}$

$-(2x+1) = 4x - 6$

$6x = 5$

$x = \frac{5}{6} > -\frac{1}{2}$, also ist

b) $3x - 8 = |2 - x|$

$x < 2$: und $x > 2$:

$3x - 8 = 2 - x$

$4x = 10$

$x = \frac{4}{10}$

$3x - 8 = -(2 - x)$

$3x - 8 = -2 + x$

$2x = 6$

$x = 3$

$L = \{3\}$

64 a) $4x - 6 \leqq |2x+1|$

1. $|2x+1| \geqq 0$ für $x \geqq -\frac{1}{2}$ und $|2x+1| < 0$ für $x < -\frac{1}{2}$

2. $x \geqq -\frac{1}{2}$:

$4x - 6 \leqq 2x + 1 \quad | -2x$

$2x - 6 \leqq 1 \quad | +6$

$2x \leqq 7$

$x \leqq \frac{7}{2}$

$-\frac{1}{2} \leqq x \leqq \frac{7}{2}$

$x < -\frac{1}{2}$:

$4x - 6 \leqq -(2x + 1)$

$4x - 6 \leqq -2x - 1 \quad | +2x$

$6x - 6 \leqq -1 \quad | +6$

$6x \leqq 5$

$x \leqq \frac{5}{6}$

und $x \leqq -\frac{1}{2}$

3. Also ist $L = \left\{x \,\middle|\, x \leqq \frac{7}{2}\right\}$ Lösung der Ungleichung, oder kurz: $x \leqq \frac{7}{2}$.

b) $3x + |2 - x| \leqq 8$

1. $|2x| \geqq 0$ für $x \leqq 2$ und $|2 - x| < 0$ für $x > 2$

2. $x \leqq 2$:

$3x - 8 \leqq 2 - x \quad | +x$

$4x - 8 \leqq 2 \quad | +8$

$4x \leqq 10 \quad | :4$

$x \leqq \frac{10}{4} = 2{,}5$

und $x \leqq 2$

$x > 2$:

$3x - 8 \leqq -(2 - x)$

$3x - 8 \leqq -2 + x \quad | -x$

$2x - 8 \leqq -2 \quad | +8$

$2x \leqq 6 \quad | :3$

$x \leqq 3$

und $2 < x \leqq 3$

3. Also ist $L = \{x \mid x \leqq 3\}$ Lösung der Ungleichung, oder kurz: $x \leqq 3$.

3 Lineare Gleichungsysteme

1 x_2 soll eliminiert werden

$$\begin{array}{lrcl} \text{I} & 3x_1 - x_2 + x_3 &=& 2 \\ \text{II} & x_1 + x_2 - 2x_3 &=& 7 \\ \text{III} & 2x_1 + 3x_2 + 5x_3 &=& 8 \end{array}$$

$$\begin{array}{lrcll} \text{I} & 3x_1 - x_2 + x_3 &=& 2 & \mid \cdot 3 \\ \text{II} & 4x_1 \quad - x_3 &=& 9 & + \\ \text{III} & 2x_1 + 3x_2 + 5x_3 &=& 8 & \end{array}$$

$$\begin{array}{lrcll} \text{I} & 3x_1 - x_2 + x_3 &=& 2 & \\ \text{II} & 4x_1 \quad - x_3 &=& 9 & \mid \cdot 8 \\ \text{III} & 11x_1 \quad + 8x_3 &=& 14 & \end{array}$$

$$\begin{array}{lrcl} \text{I} & 3x_1 - x_2 + x_3 &=& 2 \\ \text{II} & 4x_1 \quad - x_3 &=& 9 \\ \text{III} & 43x_1 &=& 86 \end{array}$$

$$\begin{array}{lrcl} \text{I} & 3x_1 - x_2 + x_3 &=& 2 \\ \text{II} & 4x_1 \quad - x_3 &=& 9 \\ \text{III} & x_1 &=& 2 \end{array}$$

$x_1 = 2$ in II: $4 \cdot 2 - x_3 = 9$, also $x_3 = -1$
$x_1 = 2$ und $x_3 = -1$ in I:
$3 \cdot 2 - x_2 - 1 = 2$, also $x_2 = 3$

$L = \{(2;3;-1)\}$

2 a) $L = \{(3;3;1)\}$ b) $L = \{(0;1;1)\}$ c) $L = \{(0;0{,}5;1{,}5)\}$ d) $L = \{(0;4;-2)\}$
e) $L = \{(3;2;-5)\}$

3 a) Lösung: $(3;-5)$
b) Lösung: $\left(\frac{2}{3};-\frac{5}{2}\right)$
c) Lösung: $\left(\frac{152}{61};-\frac{24}{61}\right)$
d) Lösung: $\left(2;-\frac{1}{2};3\right)$
e) Lösung: $(-2;6;10)$
f) Lösung: $\left(-\frac{1}{3};7;7\right)$

4 a) $L = \left\{\left(2t;2+\frac{1}{2}t;t\right) \middle| t \in \mathbb{R}\right\}$
b) Das LGS ist unlösbar.
c) $L = \left\{\left(2-t;-\frac{5}{2}+\frac{1}{2}t;t\right) \middle| t \in \mathbb{R}\right\}$

5 a) $2x_1 - x_2 = 7$
$(4+t)x_1 = 19$
Genau eine Lösung für $t \neq -4$.
Für diesen Fall lautet die Lösung: $\left(\frac{19}{4+t}; \frac{10-7t}{4+t}\right)$.

b) $tx_1 - 2tx_2 = 5$
$14tx_2 = 9t - 15$
Genau eine Lösung für $t \neq 0$.
Für diesen Fall lautet die Lösung: $\left(\frac{18t+40}{14t}; \frac{9t-15}{14t}\right)$.

c) $2x_1 - tx_2 = 3$
$2(t^2-1)x_1 = 10t - 3$
Genau eine Lösung für $t \neq +1$; $t \neq -1$.
Für diesen Fall lautet die Lösung: $\left(\frac{10t-3}{2(t^2-1)}; \frac{10-3t}{t^2-1}\right)$.

6 a) $f(x) = ax^4 + bx^2 + c$; $f'(x) = 4ax^3 + 2bx$
$f(0) = 0$: $c = 0$
$f(2) = 9$: $16a + 4b + c = 9$
$f'(2) = 0$: $32a + 4b = 0$
Hieraus folgt $a = -\frac{9}{16}$; $b = \frac{9}{2}$; $c = 0$.
$f(x) = -\frac{9}{16}x^4 + \frac{9}{2}x^2$
Diese Funktion bzw. der zugehörige Graph K erfüllen die Bedingungen.

b) $f(x) = ax^3 + bx$; $f'(x) = 3ax^2 + b$
$f(\sqrt{3}) = \sqrt{3}$: $3a\sqrt{3} + b\sqrt{3} = \sqrt{3}$; $3a + b = 1$
$f'(\sqrt{3}) = 0$: $3a \cdot 3 + b = 0$; $9a + b = 0$
Hieraus folgt $a = -\frac{1}{6}$; $b = \frac{3}{2}$.
$f(x) = -\frac{1}{6}x^3 + \frac{3}{2}x$
Diese Funktion bzw. der zugehörige Graph K erfüllen die Bedingungen.

c) $f(x) = ax^3 + bx^2 + cx + d$; $f'(x) = 3ax^2 + 2bx + c$
$f(0) = 0$: $d = 0$
$f(3) = 0$: $27a + 9b + 3c + d = 0$
$f(6) = 0$: $216a + 36b + 6c + d = 0$
$f'(0) = 3$: $c = 3$
Hieraus folgt $a = \frac{1}{6}$; $b = -\frac{3}{2}$; $c = 3$; $d = 0$.
$f(x) = \frac{1}{6}x^3 - \frac{3}{2}x^2 + 3x$
Diese Funktion bzw. der zugehörige Graph K erfüllen die Bedingungen.

7 $f(x) = \frac{ax^2}{bx+2}$;

$f'(x) = \frac{2ax(bx+2) - ax^2 \cdot b}{(bx+2)^2} = \frac{abx^2 + 4ax}{(bx+2)^2}$

$f(-3) = -3$: $\quad \frac{9a}{-3b+2} = -3; \quad 3a - 3b + 2 = 0$

$f'(-3) = 0$: $\quad \frac{9ab - 12a}{(-3b+2)^2} = 0; \quad 3b - 4 = 0$

Hieraus folgt $b = \frac{4}{3}$; $a = \frac{2}{3}$.

$f(x) = \frac{\frac{2}{3}x^2}{\frac{4}{3}x + 2} = \frac{2x^2}{4x+6}$

Diese Funktion bzw. der Graph von K erfüllen die Bedingungen.

8 Der Ansatz $f(x) = ax^3 + bx^2 + cx + d$
ergibt $f'(x) = 3ax^2 + 2bx + c$
und $f''(x) = 6ax + 2b$.

$f(6) = 0$ ergibt $216a + 36b + 6c + d = 0$;
$f(2) = 4$ ergibt $8a + 4b + 2c + d = 4$;
$f''(2) = 0$ ergibt $12a + 2b = 0$;
$f'(2) = 3$ ergibt $12a + 4b + c = 3$.

Damit erhält man das LGS

$$\begin{aligned} 216a + 36b + 6c + d &= 0 \\ 8a + 4b + 2c + d &= 4 \\ 12a + 2b &= 0 \\ 12a + 4b + c &= 3 \end{aligned}$$

mit der Lösung $\left(-\frac{1}{4}; \frac{3}{2}; 0; 0\right)$. Also gilt $f(x) = -\frac{1}{4}x^3 + \frac{3}{2}x^2$.

Diese Funktion erfüllt die angegebenen Bedingungen.

9

$$\left(\begin{array}{rrr|r} 2 & 0 & -1 & 3 \\ -1 & 1 & 1 & 8 \\ 0 & 2 & -1 & 1 \end{array}\right) \text{ (Zeilen 2 und 3 tauschen)}$$

$$\left(\begin{array}{rrr|r} 2 & 0 & -1 & 3 \\ 0 & 2 & -1 & 1 \\ -1 & 1 & 1 & 8 \end{array}\right) \begin{array}{l} \\ \\ \cdot 2 \end{array} \; (+)$$

$$\left(\begin{array}{rrr|r} 2 & 0 & -1 & 3 \\ 0 & 2 & -1 & 1 \\ 0 & 2 & 1 & 19 \end{array}\right) \; (-)$$

$$\left(\begin{array}{rrr|r} 2 & 0 & -1 & 3 \\ 0 & 2 & -1 & 1 \\ 0 & 0 & -2 & -18 \end{array}\right)$$

also $x_3 = 9$

$x_3 = 9$ in Zeile 2:
$2x_2 - 9 = 1$, also $x_2 = 5$
$x_3 = 9$ und $x_2 = 5$ in Zeile 1:
$2x_1 - 9 = 3$, also $x_1 = 6$

$L = \{(6; 5; 9)\}$

10 a) $\begin{pmatrix}1\\2\\3\end{pmatrix} + t\cdot\begin{pmatrix}1\\4\\2\end{pmatrix} = \begin{pmatrix}-1\\-6\\-1\end{pmatrix} + s\cdot\begin{pmatrix}1\\1\\2\end{pmatrix}$

$t\cdot\begin{pmatrix}1\\4\\2\end{pmatrix} - s\cdot\begin{pmatrix}1\\1\\2\end{pmatrix} = \begin{pmatrix}-2\\-8\\-4\end{pmatrix}$

$$\begin{array}{rl}
t - s = -2 & \\
4t - s = -8 & |\cdot(-1) \quad (+) \\
\underline{2t - 2s = -4} & \\
t - s = -2 & \\
-3t = 6, & \text{also } t = -2 \\
\underline{2\cdot(-2) - 2s = -4}, & \text{also } s = 0 \\
-2 = -2 & ✓
\end{array}$$

$\vec{s} = \begin{pmatrix}-1\\-6\\-1\end{pmatrix}$, also $S(-1\,|\,-6\,|\,-1)$

b) $\begin{pmatrix}9\\-4\\-1\end{pmatrix} + t\cdot\begin{pmatrix}2\\3\\1\end{pmatrix} = \begin{pmatrix}-11\\2\\10\end{pmatrix} + s\cdot\begin{pmatrix}-6\\3\\4\end{pmatrix}$

$t\cdot\begin{pmatrix}2\\3\\1\end{pmatrix} - s\cdot\begin{pmatrix}-6\\3\\4\end{pmatrix} = \begin{pmatrix}-20\\6\\11\end{pmatrix}$

$$\begin{array}{rl}
2t + 6s = -20 & \\
3t - 3s = 6 & (+) \\
\underline{t - 4s = 11} & |\cdot(-2) \\
2t + 6s = -20 & \\
3t - 3s = 6 & \\
\underline{14s = -42}, & \text{also } s = -3 \\
2t + 6s = -20 & \\
3t + 9 = 6, & \text{also } t = -1 \\
\underline{s = -3} & \\
-2 - 18 = -20 & ✓ \quad S(7\,|\,-7\,|\,-2)
\end{array}$$

c) $\begin{pmatrix}1\\-2\\-6\end{pmatrix} + t\cdot\begin{pmatrix}-5\\-5\\3\end{pmatrix} = \begin{pmatrix}-2\\5\\-1\end{pmatrix} + s\cdot\begin{pmatrix}4\\-1\\-4\end{pmatrix}$

$t\cdot\begin{pmatrix}-5\\-5\\3\end{pmatrix} - s\cdot\begin{pmatrix}4\\-1\\-4\end{pmatrix} = \begin{pmatrix}-3\\7\\5\end{pmatrix}$

$$\begin{array}{rl}
-5t - 4s = -3 & \\
-5t + s = 7 & (+) \\
\underline{3t + 4s = 5} & \\
-5t - 4s = -3 & \\
-5t + s = 7 & \\
\underline{-2t = 2}, & \text{also } t = -1 \\
-5t - 4s = -3 & \\
5 + s = 7, & \text{also } s = 2 \\
\underline{t = -1} & \\
5 - 8 = -3 & ✓
\end{array}$$

$S(6\,|\,3\,|\,-9)$

d) $\begin{pmatrix}-2\\5\\4\end{pmatrix} + t\cdot\begin{pmatrix}-5\\1\\-1\end{pmatrix} = \begin{pmatrix}5\\1\\4\end{pmatrix} + s\cdot\begin{pmatrix}-2\\3\\1\end{pmatrix}$

$t\cdot\begin{pmatrix}-5\\1\\-1\end{pmatrix} - s\cdot\begin{pmatrix}-2\\3\\1\end{pmatrix} = \begin{pmatrix}7\\-4\\0\end{pmatrix}$

$$\begin{array}{rl}
-5t + 2s = 7 & \\
t - 3s = -4 & (+) \\
\underline{-t - s = 0} & \\
-5t + 2s = 7 & \\
t - 3s = -4 & \\
\underline{-4s = -4}, & \text{also } s = 1 \\
-5t + 2s = 7 & \\
t - 3 = -4, & \text{also } t = -1 \\
5 + 2 = 7 & ✓
\end{array}$$

$S(3\,|\,4\,|\,5)$

11 a)

$$\begin{pmatrix}6\\6\\0\end{pmatrix} + t \cdot \begin{pmatrix}-3\\-3\\6\end{pmatrix} = \begin{pmatrix}6\\0\\0\end{pmatrix} + s \cdot \begin{pmatrix}-1{,}5\\1{,}5\\3\end{pmatrix}$$

$$t \cdot \begin{pmatrix}-3\\-3\\6\end{pmatrix} - s \cdot \begin{pmatrix}-1{,}5\\1{,}5\\3\end{pmatrix} = \begin{pmatrix}0\\-6\\0\end{pmatrix}$$

$$\begin{array}{rl} -3t + 1{,}5s = 0 & \\ -3t - 1{,}5s = -6 & \leftarrow + \\ 6t - 3s = 0 & \\ \hline -3t + 1{,}5s = 0 & \\ -6t = -6, & \text{also } t = 1 \\ 6 - 3s = 0, & \text{also } s = 2 \\ \hline -3 + 3 = 0 & \checkmark \end{array}$$

$S_1(3|3|6)$

$$\begin{pmatrix}6\\6\\0\end{pmatrix} + t \cdot \begin{pmatrix}-3\\-3\\6\end{pmatrix} = \begin{pmatrix}6\\3\\0\end{pmatrix} + r \cdot \begin{pmatrix}0\\1\\0\end{pmatrix}$$

$$t \cdot \begin{pmatrix}-3\\-3\\6\end{pmatrix} - r \cdot \begin{pmatrix}0\\1\\0\end{pmatrix} = \begin{pmatrix}0\\-3\\0\end{pmatrix}$$

$$\begin{array}{rl} -3t = 0, & \text{also } t = 0 \\ -3t - r = -3, & \text{also } r = 3 \\ 0 = 0 & \checkmark \end{array}$$

$S_2(6|6|0)$

$$\begin{pmatrix}6\\0\\0\end{pmatrix} + s \cdot \begin{pmatrix}-1{,}5\\1{,}5\\3\end{pmatrix} = \begin{pmatrix}6\\3\\0\end{pmatrix} + r \cdot \begin{pmatrix}0\\1\\0\end{pmatrix}$$

$$s \cdot \begin{pmatrix}-1{,}5\\1{,}5\\3\end{pmatrix} - r \cdot \begin{pmatrix}0\\1\\0\end{pmatrix} = \begin{pmatrix}0\\3\\0\end{pmatrix}$$

$$\begin{array}{rl} -1{,}5s = 0, & \text{also } s = 0 \\ -r = 3, & \text{also } r = -3 \\ 0 = 0 & \checkmark \end{array}$$

$S_3(6|0|0)$

b)

$$\begin{pmatrix}1\\0\\2\end{pmatrix} + t \cdot \begin{pmatrix}1\\-1\\1\end{pmatrix} = \begin{pmatrix}3\\-2\\4\end{pmatrix} + s \cdot \begin{pmatrix}2\\3\\0\end{pmatrix}$$

$$t \cdot \begin{pmatrix}1\\-1\\1\end{pmatrix} - s \cdot \begin{pmatrix}2\\3\\0\end{pmatrix} = \begin{pmatrix}2\\-2\\2\end{pmatrix}$$

$$\begin{array}{rl} t - 2s = 2 & \\ -t - 3s = -2 & \\ \hline t = 2 & \\ \hline 2 - 2s = 2, & \text{also } s = 0 \\ -2 = -2 & \checkmark \end{array}$$

$S_1(3|-2|4)$

$$\begin{pmatrix}1\\0\\2\end{pmatrix} + t \cdot \begin{pmatrix}1\\-1\\1\end{pmatrix} = \begin{pmatrix}1\\-15\\8\end{pmatrix} + r \cdot \begin{pmatrix}4\\11\\-2\end{pmatrix}$$

$$t \cdot \begin{pmatrix}1\\-1\\1\end{pmatrix} - r \cdot \begin{pmatrix}4\\11\\-2\end{pmatrix} = \begin{pmatrix}0\\-15\\6\end{pmatrix}$$

$$\begin{array}{rl} t - 4r = 0 & \\ -t - 11r = -15 & \\ t + 2r = 6 & \\ \hline t - 4r = 0 & \\ -15r = -15, & \text{also } r = 1 \\ t + 2 = 6, & \text{also } t = 4 \end{array}$$

$S_2(5|-4|6)$

$$\begin{pmatrix}3\\-2\\4\end{pmatrix} + s \cdot \begin{pmatrix}2\\3\\0\end{pmatrix} = \begin{pmatrix}1\\-15\\8\end{pmatrix} + r \cdot \begin{pmatrix}4\\11\\-2\end{pmatrix}$$

$$s \cdot \begin{pmatrix}2\\3\\0\end{pmatrix} - r \cdot \begin{pmatrix}4\\11\\-2\end{pmatrix} = \begin{pmatrix}-2\\-13\\4\end{pmatrix}$$

$$\begin{array}{rl} 2s - 4r = -2 & \\ 3s - 11r = -13 & \\ 2r = 4, & \text{also } r = 2 \\ \hline 2s - 8 = -2, & \text{also } s = 3 \\ 9 - 22 = 13 & \end{array}$$

$S_3(9|7|4)$

12 $G(-4|9|4)$; $\overrightarrow{AG} = \begin{pmatrix}-2\\6\\3\end{pmatrix}$

$g\colon \vec{x} = \begin{pmatrix}-2\\3\\1\end{pmatrix} + t \cdot \begin{pmatrix}-2\\6\\3\end{pmatrix}$

$D(-4|3|1)$; $\overrightarrow{DF} = \begin{pmatrix}2\\6\\3\end{pmatrix}$

$h\colon \vec{x} = \begin{pmatrix}-4\\3\\1\end{pmatrix} + s \cdot \begin{pmatrix}2\\6\\3\end{pmatrix}$

Schnitt g mit h:

$$t \cdot \begin{pmatrix}-2\\6\\3\end{pmatrix} - s \cdot \begin{pmatrix}2\\6\\3\end{pmatrix} = \begin{pmatrix}-2\\0\\0\end{pmatrix}$$

$$\begin{array}{rl} -2t - 2s = -2 & \\ 6t - 6s = 0 & \\ 3t - 3s = 0 & \\ \hline -12s = -6, & \text{also } s = \frac{1}{2} \\ 6t - 3 = 0, & \text{also } t = \frac{1}{2} \end{array}$$

$M(-3|6|2{,}5)$

13 a) E_1 und E_2 sind identisch.

b) E_1 und E_2 sind echt parallel.

c) E_1 und E_2 schneiden sich in g: $\vec{x} = \begin{pmatrix} -1 \\ 0 \\ 4 \end{pmatrix} + t \cdot \begin{pmatrix} -1{,}5 \\ 1 \\ 0 \end{pmatrix}$; $t \in \mathbb{R}$

14 Wegen $\begin{pmatrix} 1 \\ 2 \\ -2 \end{pmatrix} \cdot \begin{pmatrix} 2 \\ 2 \\ 3 \end{pmatrix} = 0$ sind E_1 und E_2 orthogonal; $\vec{x} = \begin{pmatrix} -3 \\ 3{,}5 \\ 0 \end{pmatrix} + r \cdot \begin{pmatrix} -5 \\ 3{,}5 \\ 1 \end{pmatrix}$; $r \in \mathbb{R}$

Autoren

Heike Homrighausen
Kapitel 1: Heike Homrighausen
Kapitel 2: Tipp S. 9, 10, 12, 16, 18, 20, 21, 28;
Aufgaben 1–5, 7–10, 12, 15–20, 26–35, 48–49, 62–63
Kapitel 3: Tipp S. 30–31, 34, 36–38, 40; Aufgaben 1, 2, 9–12

Maximilian Selinka / Jörg Stark
Kapitel 2: Tipp S. 13, 14, 19, 22, 24, 26; Aufgaben 6, 11, 13, 21–25, 36–47, 50–61
Kapitel 3: Tipp S. 32, 34; Aufgaben 3–8, 13, 14

Bibliografische Information der Deutschen Nationalbibliothek
Die Deutsche Nationalbibliothek verzeichnet diese Publikation in der Deutschen Nationalbibliografie; detaillierte bibliografische Daten sind im Internet über http://dnb.dnb.de abrufbar.

1. Auflage 2021

www.klett-lerntraining.de; kundenservice@klett-lerntraining.de

Umschlaggestaltung: Anne Lahnert, Stuttgart
Satz und grafische Zeichnungen: DTP-studio Andrea Eckhardt, Göppingen
Druck: Plump Druck & Medien GmbH, Rheinbreitbach
Printed in Germany
ISBN 978-3-12-949647-3